绿色发展通识丛书
GENERAL BOOKS OF GREEN DEVELOPMENT

泰坦尼克号症候群

[法] 尼古拉·于洛 / 著

吴博 / 译

中国文联出版社
http://www.clapnet.cn

图书在版编目（CIP）数据

泰坦尼克号症候群 / (法) 尼古拉·于洛著；吴博译. -- 北京：中国文联出版社，2020.8
（绿色发展通识丛书）
ISBN 978-7-5190-3632-4

Ⅰ. ①泰… Ⅱ. ①尼… ②吴… Ⅲ. ①生态环境保护 - 研究 Ⅳ. ①X171.4

中国版本图书馆CIP数据核字(2020)第146699号

著作权合同登记号：图字01-2018-0216

Originally published in France as :
Le Syndrome du Titanic by Nicolas Hulot
© Editions Calmann-Lévy, 2004
Current Chinese language translation rights arranged through Divas International, Paris / 巴黎迪法国际版权代理

泰坦尼克号症候群
TAITANNIKEHAO ZHENGHOUQUN

作　　者：[法] 尼古拉·于洛
译　　者：吴博

终　审　人：朱　庆

责任编辑：冯　巍
责任译校：黄黎娜
封面设计：谭　锴

复　审　人：闫　翔
责任校对：汪　璐
责任印制：陈　晨

出版发行：中国文联出版社
地　　址：北京市朝阳区农展馆南里10号，100125
电　　话：010-85923076（咨询）85923092（编务）85923020（邮购）
传　　真：010-85923000（总编室），010-85923020（发行部）
网　　址：http://www.clapnet.cn　　　　http://www.claplus.cn
E - m a i l：clap@clapnet.cn　　　　　fengwei@clapnet.cn

印　　刷：中煤（北京）印务有限公司
装　　订：中煤（北京）印务有限公司
本书如有破损、缺页、装订错误，请与本社联系调换

开　　本：720 × 1010　　　　　　　　1/16
字　　数：151千字　　　　　　　　　印　张：16.75
版　　次：2020年8月第1版　　　　　印　次：2020年8月第1次印刷
书　　号：ISBN 978-7-5190-3632-4
定　　价：68.00 元

"绿色发展通识丛书"总序一

洛朗·法比尤斯

1862 年，维克多·雨果写道："如果自然是天意，那么社会则是人为。"这不仅仅是一句简单的箴言，更是一声有力的号召，警醒所有政治家和公民，面对地球家园和子孙后代，他们能享有的权利，以及必须履行的义务。自然提供物质财富，社会则提供社会、道德和经济财富。前者应由后者来捍卫。

我有幸担任巴黎气候大会（COP21）的主席。大会于 2015 年 12 月落幕，并达成了一项协定，而中国的批准使这项协议变得更加有力。我们应为此祝贺，并心怀希望，因为地球的未来很大程度上受到中国的影响。对环境的关心跨越了各个学科，关乎生活的各个领域，并超越了差异。这是一种价值观，更是一种意识，需要将之唤醒、进行培养并加以维系。

四十年来（或者说第一次石油危机以来），法国出现、形成并发展了自己的环境思想。今天，公民的生态意识越来越强。众多环境组织和优秀作品推动了改变的进程，并促使创新的公共政策得到落实。法国愿成为环保之路的先行者。

2016 年"中法环境月"之际，法国驻华大使馆采取了一系列措施，推动环境类书籍的出版。使馆为年轻译者组织环境主题翻译培训之后，又制作了一本书目手册，收录了法国思想界最具代表性的 33 本书籍，以供译成中文。

中国立即做出了响应。得益于中国文联出版社的积极参与，"绿色发展通识丛书"将在中国出版。丛书汇集了 33 本非虚构类作品，代表了法国对生态和环境的分析和思考。

让我们翻译、阅读并倾听这些记者、科学家、学者、政治家、哲学家和相关专家：因为他们有话要说。正因如此，我要感谢中国文联出版社，使他们的声音得以在中国传播。

中法两国受到同样信念的鼓舞，将为我们的未来尽一切努力。我衷心呼吁，继续深化这一合作，保卫我们共同的家园。

如果你心怀他人，那么这一信念将不可撼动。地球是一份馈赠和宝藏，她从不理应属于我们，她需要我们去珍惜、去与远友近邻分享、去向子孙后代传承。

2017 年 7 月 5 日

（作者为法国著名政治家，现任法国宪法委员会主席、原巴黎气候变化大会主席，曾任法国政府总理、法国国民议会议长、法国社会党第一书记、法国经济财政和工业部部长、法国外交部部长）

"绿色发展通识丛书"总序二

万钢

习近平总书记在中共十九大上明确提出，建设生态文明是中华民族永续发展的千年大计。必须树立和践行绿水青山就是金山银山的理念坚持节约资源和保护环境的基本国策，像对待生命一样对待生态环境。我们要建设的现代化是人与自然和谐共生的现代化，既要创造更多物质财富和精神财富以满足人民日益增长的美好生活需要，也要提供更多优质生态产品以满足人民日益增长的优美生态环境需要。近年来，我国生态文明建设成效显著，绿色发展理念在神州大地不断深入人心，建设美丽中国已经成为13亿中国人的热切期盼和共同行动。

创新是引领发展的第一动力，科技创新为生态文明和美丽中国建设提供了重要支撑。多年来，经过科技界和广大科技工作者的不懈努力，我国资源环境领域的科技创新取得了长足进步，以科技手段为解决国家发展面临的瓶颈制约和人民群众关切的实际问题作出了重要贡献。太阳能光伏、风电、新能源汽车等产业的技术和规模位居世界前列，大气、水、土壤污染的治理能力和水平也有了明显提高。生态环保领域科学普及的深度和广度不断拓展，有力推动了全社会加快形成绿色、可持续的生产方式和消费模式。

推动绿色发展是构建人类命运共同体的重要内容。近年来，中国积极引导应对气候变化国际合作，得到了国际社会的广泛认同，成为全球生态文明建设的重要参与者、贡献者和引领者。这套"绿色发展通识丛书"的出版，得益于中法两国相关部门的大力支持和推动。第一辑出版的33种图书，包括法国科学家、政治家、哲学家关于生态环境的思考。后续还将陆续出版由中国的专家学者编写的生态环保、可持续发展等方面图书。特别要出版一批面向中国青少年的绘本类生态环保图书，把绿色发展的理念深深植根于广大青少年的教育之中，让"人与自然和谐共生"成为中华民族思想文化传承的重要内容。

科学技术的发展深刻地改变了人类对自然的认识，即使在科技创新迅猛发展的今天，我们仍然要思考和回答历史上先贤们曾经提出的人与自然关系问题。正在孕育兴起的新一轮科技革命和产业变革将为认识人类自身和探求自然奥秘提供新的手段和工具，如何更好地让人与自然和谐共生，我们将依靠科学技术的力量去寻找更多新的答案。

2017 年 10 月 25 日

（作者为十二届全国政协副主席，致公党中央主席，科学技术部部长，中国科学技术协会主席）

"绿色发展通识丛书"总序三

铁凝

这套由中国文联出版社策划的"绿色发展通识丛书",从法国数十家出版机构引进版权并翻译成中文出版,内容包括记者、科学家、学者、政治家、哲学家和各领域的专家关于生态环境的独到思考。丛书内涵丰富亦有规模,是文联出版人践行社会责任,倡导绿色发展,推介国际环境治理先进经验,提升国人环保意识的一次有益实践。首批出版的33种图书得到了法国驻华大使馆、中国文学艺术基金会和社会各界的支持。诸位译者在共同理念的感召下辛勤工作,使中译本得以顺利面世。

中华民族"天人合一"的传统理念、人与自然和谐相处的当代追求,是我们尊重自然、顺应自然、保护自然的思想基础。在今天,"绿色发展"已经成为中国国家战略的"五大发展理念"之一。中国国家主席习近平关于"绿水青山就是金山银山"等一系列论述,关于人与自然构成"生命共同体"的思想,深刻阐释了建设生态文明是关系人民福祉、关系民族未来、造福子孙后代的大计。"绿色发展通识丛书"既表达了作者们对生态环境的分析和思考,也呼应了"绿水青山就是金山银山"的绿色发展理念。我相信,这一系列图书的出版对呼唤全民生态文明意识,推动绿色发展方式和生活方式具有十分积极的意义。

20世纪美国自然文学作家亨利·贝斯顿曾说："支撑人类生活的那些诸如尊严、美丽及诗意的古老价值就是出自大自然的灵感。它们产生于自然世界的神秘与美丽。"长期以来，为了让天更蓝、山更绿、水更清、环境更优美，为了自然和人类这互为依存的生命共同体更加健康、更加富有尊严，中国一大批文艺家发挥社会公众人物的影响力、感召力，积极投身生态文明公益事业，以自身行动引领公众善待大自然和珍爱环境的生活方式。藉此"绿色发展通识丛书"出版之际，期待我们的作家、艺术家进一步积极投身多种形式的生态文明公益活动，自觉推动全社会形成绿色发展方式和生活方式，推动"绿色发展"理念成为"地球村"的共同实践，为保护我们共同的家园做出贡献。

　　中华文化源远流长，世界文明同理连枝，文明因交流而多彩，文明因互鉴而丰富。在"绿色发展通识丛书"出版之际，更希望文联出版人进一步参与中法文化交流和国际文化交流与传播，扩展出版人的视野，围绕破解包括气候变化在内的人类共同难题，把中华文化中具有当代价值和世界意义的思想资源发掘出来，传播出去，为构建人类文明共同体、推进人类文明的发展进步做出应有的贡献。

　　珍重地球家园，机智而有效地扼制环境危机的脚步，是人类社会的共同事业。如果地球家园真正的美来自一种持续感，一种深层的生态感，一个自然有序的世界，一种整体共生的优雅，就让我们以此共勉。

2017 年 8 月 24 日

（作者为中国文学艺术界联合会主席、中国作家协会主席）

献给我的家人与朋友！

手段完美，目标混乱，这就是我们所处时代的特点。

——阿尔伯特·爱因斯坦（Albert Einstein）

目录

序言：睡莲的寓言

序言

睡莲的寓言

我们在前往南非的飞机上已经煎熬了超过十五个小时，机舱内交谈的声音不知何时逐渐微弱，最终归于寂静，单调的旅途让大家昏昏欲睡。在我身旁，一只不知疲倦的手依然坚定地握着笔，修改着文稿。

在我们的下方就是非洲，此时谈"黑"语义双关：一方面由于当地居民的肤色，另一方面由于笼罩着大地的黑夜。而黑夜本身又具备两层含义：一层是自然的夜色，另一层是社会的黑暗。勒内·迪蒙（René Dumont）[1]在二三十年前就曾经正确地做出了这样的预言："非洲命运多舛。"事实的确如此，在这片充满人类痛苦、环境灾难的土地上，政治危机、内战接连频发。但是，我却始终对这片热土满怀深厚的感情，觉得自己的灵魂都与之丝丝相连。

我低头看了看手表，迅速计算一下时间，我们应该正在巨大的奥卡万戈河三角洲（Okavango）上空。这片

---

[1] 勒内·迪蒙（1904—2001），法国农学家、社会学家，大力提倡环保，致力于落后国家的农村发展工作。本书注释均为译者补充，以下不再标注。

三角洲地处南部非洲的北边，天空、土地、河流融为一体。在我眼中，这里是一片神奇的土地。尽管已经被发现多年，它的魅力仍然牢牢吸引着我。

我的眼前似乎又呈现出这样的图画：河水的众多支流蜿蜒曲折流过草木覆盖的土地，消失在遥远的沙漠中。正如非洲谚语所说的，"如此诞生了天堂"。这片土地丰饶富足，大自然呈现出千姿百态的美丽，望着各种动物共同生活的景色，不禁让人心头涌起原始粗犷的激动之情。每当看到千万飞鸟齐聚于此，我都觉得是造物主让所有鸟类与自然一同庆祝它们的奢华婚礼。近处，一只只鹰隼为了捕鱼，敏捷优雅地掠过汹涌起伏的波涛；远处，成群结队的驴羚与当地水羚羊悠闲地蹚过。

到处都是池塘，闪耀着湛蓝的水光。池塘四周浅水处长满长长的纸莎草，睡莲花瓣的边缘微微卷起，慵懒地躺在纸莎草上方享受着非洲的阳光与热浪。虽然非洲暂时得以保全但依然面对重重威胁，奥卡万戈河三角洲是一片梦想之地，从空中看来依然保持着完好的状态。然而，这种感觉也只是幻想。

在我心中，奥卡万戈河三角洲很久以来始终是保护得最好的陆上天堂。

但是，这种情况还能维持多久呢？

飞机在黑暗中穿行，阵阵倦意袭来，我闭上眼睛，让自己尽量接近心目中那一幅幅珍贵的美景。

各种想法在头脑中碰撞，过去与一位朋友对话的情景逐渐从记忆中浮现出来。

当时我们两人就在奥卡万戈河三角洲，对面是一座满是睡莲的巨大池塘。镜面般的蓝色湖面有一半被深绿色的叶子所遮盖。望着那覆盖着半边池塘的无穷碧色，我不禁想起了曾经读过的一本书。书中说什么来着？那仿佛是一篇寓言、一种讽喻。朋友打断了我的思绪：

"这些睡莲多美啊！看看这些花冠、白色的花朵！"

"美丽而且可怕。老人会把睡莲用作原料做成抑制情欲的药物，让人远离爱的痛苦。你觉得这些睡莲占据整个湖面还需要多长时间？"

我的朋友踌躇起来，他的沉默似乎暗示这个问题有点荒唐。我仿佛看到了朋友的想法："我怎么能知道？"是啊，我忘记了告诉他重要的数据。

"我给你一点提示吧。一篇报道说过某些种类的睡莲拥有特殊的能力，能够以指数级别增长。也就是说，它们的表面积每天翻倍，2倍、4倍、8倍、16倍，以此类推，所以水面会迅速被睡莲覆盖。如果这个'表面积每天翻倍'的假设成立的话，你觉得面前的池塘表面还需要多久布满睡莲呢？"

朋友微微噘起嘴，朝向池塘挥舞了一下手臂。在这种情况下，我猜测到了他的答案。

我说："你觉得还要很久吧？是不是？"

他咕哝着说了点什么。我想他原本的答案是"需要很长时间"，可是我胸有成竹的样子动摇了他的信心，他的思绪似乎触到那个明显的答案了——那个没人想到的答案。尽管如此，他依然犹豫了，试探着回答道："几个星期？几个月？"

真的太巧了，跟我谈话的这位朋友的确不擅长数学。

我说道："明天。"他很吃惊："什么？"我继续说道："明天。你看，睡莲已经覆盖了池塘面积的一半。既然睡莲的表面积每天增长一倍，那么明天它们就会遍布整个池塘。"

朋友考虑了几秒钟，是啊，答案显而易见："对呀，那么明天就看不见池塘了？""看不见了。"他似乎很难接受这个严酷的事实，睡莲看起来娇小柔弱，怎么能想象到它们在几个钟头的时间里占满整个池塘呢？池塘的命运不该如此，它只是想安静地生活，保持本色罢了。真想把池塘从这种慢性窒息的命运中解脱出来。另外，睡莲本身也可能遭遇各种情况：被鱼吃掉，遭到昆虫啮噬，被池塘里的各种生物拖入水底，等等，很多未知情况都可能发生。

如果上述假设的情况没有发生呢？我们会付出怎样的代价？整个逻辑在此处一清二楚。

"明天我们面前就不会存在池塘了，我们已经没有时间了。"我的这句话让朋友皱起了眉头："没有时间了？你这话什么意思？"霎时间无数的例子涌入心头，于是我向朋友列举了其中的几个：城市不断侵占农村的土地；垃圾使得闲置土地的情况恶化；要去度假的人们使得数以千计的汽车在星期五晚上堵住出城的道路，然后在星期日晚上又堵住回城的道路，排放的温室气体让大气不堪重负，等等。所有这些"癌细胞"侵蚀着健康的机体。

以上的例子都是环境遭受破坏的铁证，但是，人类心中仍然不愿意直面问题。我们看着如镜的湖面在想："还有几周时间呢"、"还有几个月时间呢"。同样，看着自己居住的星球，人类也在自我安慰："还有几十年时间呢"、"还有几个世纪的时间呢"。

睡莲传递的信息是：人们以为的永恒或许只是一瞬，一切都脆弱不堪，我们只不过在苟延残喘。

因为明天实在太迟，应该在今天开始行动。

一股清凉的风吹过，我从困意中苏醒。奥卡万戈河三角洲、池塘、时间……在我身旁，那只手依然奋笔疾书，划去句子，改正句子。目光越过邻座乘客的肩膀，我看到那只手写道："我们的房屋正在燃烧，可是我们却把目光投向别处。"

第一章
充满希望的可持续发展峰会

2002年9月2日，在约翰内斯堡召开了关于可持续发展峰会的全体会议，大厅挤满了人，聆听世界各国领导与政府首脑的讲话。

在讲台后边的墙壁上挂着巨大的海蓝色壁衣，我觉得这种非洲式样的布置非常美丽，壁衣装饰着五颜六色、形态各异的植物、矿物图案。往日的会场中通常是各国国旗，弥漫着爱国气氛，用各国的骄傲作为点缀。这次，大厅中的真正主角是大自然。这样的装饰或许要提醒与会者：尽管我们出生在不同的国家，但我们都生活在同一个地球上。可见大会组织者尽心竭力，的确取得了不俗的效果。

雅克·希拉克（Jacques Chirac）[①] 走近讲台，会场内鸦雀

[①] 雅克·希拉克（1932—2019），法国政治家，在约翰内斯堡峰会召开时担任法国总统。

无声。这种寂静并非仅仅出于礼貌，会场中的人们确实对希拉克的发言充满期待。我当时在随行人员的队伍中，既专注又担忧，尽可能地保持低调，却又忍不住踱起步来。自己长久以来的努力、多年来的宣传，今天即将在眼前产生结果。各种非正式讨论、交换意见、工作会议，所有工作成果都要在接下来的几分钟里正式成型。

我不是唯一对这次会议充满期待的人，几天来参加峰会的数百名外交官与记者中间传播着流言。人们传言法国总统的讲话异常重要，对地球环境情况的判断客观严苛，提出的解决方法切实有效。他们会对总统的这次讲话失望吗？

法国代表团竭尽所能不让大家失望，以希拉克总统本人为代表的所有人都全身心投入工作。总统在全体会议召开三天前就抵达南非，连续七十二小时如马拉松长跑般不眠不休地工作——筹备会议，与各国首脑会晤，接受记者采访，会见非政府组织代表、法语国家领导人，参加贫困国家发展资助圆桌会议，等等，我在此就不一一列举了。总统希望说服与会者，在各种非公开的筹备会议上传达自己的思想，发布了十几条公开声明。总统的团队对声明字斟句酌，进行过仔细分析。

陪伴总统的三名部长也不断会见各方人士，组织了多场工作会议。外交官、议员、公民社会代表、各种协会成员、工商业代表都在忘我地工作。我从代表团内部近距离地看到了什么是国际会议，了解到筹备工作的困难、压力。这些都是为了防止出现谈判破裂而导致无休止的调停，为了最终得到各方都能接受的结果。这让我想起曾经在登山时跟随驮着行囊的夏尔巴人①直到顶峰，这种脚夫的工作艰苦异常。二十年来我攀登过不少高峰，很快就明白登山这种很多官员喜爱的运动貌似简单，其实需要身体与精神上的强大力量与非凡耐力。

总统演讲的开头几句话为整个讲话奠定了基调，人们的传言不虚，这次的讲话绝不是政治正确的官样文章。演讲一开始，总统就振聋发聩地指出了人们都感受到的事实："我们的房屋正在燃烧，可是我们却把目光投向别处。自然界千疮百孔、过度开发，已经无法自我恢复，而我们却拒绝承认这一事实。整个人类都在承受痛苦，不论是北半球还是南半球，大家都在承受恶性发展的后果，可是我们却视而不见。地球与人类面临灭顶之灾，我们都要为这场灾难负责。"

我在会场后半部，心中原有的焦虑逐渐平息，踱着的步子慢了下来。直到演讲前我都在想：总统一定有助手分解、剖析这篇讲话，做出种种改动后让听众更容易接受讲话的内容。目前还没有出现这种情况。演讲的字字句句叩击着我的

---

① 夏尔巴人是散居在喜马拉雅山脉两侧各国的一个民族，常为喜马拉雅登山者担任向导与脚夫。

心扉，这正是我多年以来捍卫的思想，我整个身心似乎都融入讲话中。有些人坚定地认为我应该在环保领域任总统顾问；另一些人觉得我还是二十年前的尼古拉·于洛，还是那个乘坐轻型飞机的冒险家。但实际的情况往往处在两种极端情况之间。约翰内斯堡讲话的稿子参考了很多资料和很多其他来源，一名环保部门的外交官参与了讲稿的撰写，后来成为总统内阁成员。他是一位敏感而博学的人，也是我的盟友。他在自己的圈子里是一个改革派，参加了巴西阿雷格里港（Porto Alegre）的第一届论坛，与课征金融交易税以协助公民组织（ATTAC）定期联络。他用自己的方式从内部推动进步，甚至冒着自己所处的高位可能遭到动摇的危险采取行动，比如质疑自由主义、关注托宾税（Tobin）[①]。他的所作所为无法复制、出人意料，我非常欣赏。

总统继续说道："我们不能自称毫不知情！当心，对未来几代人来说，不要让 21 世纪成为充斥反人类罪行的世纪。我们都负有集体责任，这是历史赋予的责任，是发达国家应该承担的责任，是消费水平催生的责任。如果世界各国人民都像发达国家居民一样生活的话，恐怕需要两个额外的地球才能满足人类的需求。"

[①] 托宾税是指对现货外汇交易课征全球统一的交易税，旨在减少纯粹的投机性交易。

埋藏心底的大量记忆涌现出来，我似乎又看到自己骑着轻型摩托来到法国总统府爱丽舍宫，用塑料袋装着自己的书爬过栅栏，带着宣传环保的任务去见希拉克总统。我意志坚定地要说服总统接受环保主张，总统也渴望了解环保的情况，我们之间开始了一场提问与回答的游戏。总统听着我的解释不断点头，我的观点与他最坚定的政治信仰、政治文化之间颇多龃龉、与希拉克总统任期时的前任政府的政策也存在严重冲突[1]，比如，与从前的农业政策有矛盾，或者与这样那样的发展与增长有矛盾。 我在总统办公桌上留下了一摞书，他对这些书很好奇，翻看浏览，有时突然停下仔细阅读看到的内容。这些书为总统展示了他以前不知道的事实。有时他翻阅我的笔记，分析我的论文，而我请求专家帮助，为我的研究添砖加瓦。另外，一些悲剧事件的发生推动了我的深入研究。比如，对疯牛病的巨大恐惧、血液大规模污染事件的请愿，它们都扮演了催化剂的作用，想象一下当时公众的恐慌就知道了。当时人们传言，传染性蛋白微粒可能进入母乳当中，可能污染土地；潜伏期或许长达五十年。再加上其他的悲剧事件，比如 1999 年的暴风雨、艾瑞卡（Erika）油船遇难事件。如此多的灾难让一些人对人类的错误深感焦虑，也印

---

① 法国领导政府的总理由总统指定，一名总统的任期内可能有不止一届政府。

证了让·罗斯坦德（Jean Rostand）[1] 的名言："科学让我们先变成神，然后才变成人。"

总统停顿了一下，把目光从讲稿上抬起，似乎在观察听众的反应。听众席安静之极，我继续在会议大厅里踱步。总统在下边的演讲中批评了一些恶劣现象，然后提出具体解决方法。

"在里约热内卢联合国地球峰会十年之后，我们的所作所为难以让自己骄傲，《二十一世纪议程》（Agenda 21）[2] 的实施非常艰难。由于大家意识到政策实施的失败，所以我们来到了约翰内斯堡，结成可持续发展世界联盟。"

"这是发达国家环保革命的联盟、生产与消费模式革命的联盟。联盟要团结一心，努力帮助贫穷国家，法国与欧盟各国都准备好加入联盟。"

"通过这个联盟，帮助发展中国家走向正确管理、清洁发

---

① 让·罗斯坦德（1894—1977），法国作家、生物学家、历史学家、科学家，法兰西学院院士。

② 1992 年在巴西里约热内卢召开了联合国地球峰会，经过 178 个国家政府投票的《二十一世纪议程》讨论了气候变暖以及多项可持续发展计划。

展^① 的道路。"

　　会议厅里听众的注意力始终高度集中，希拉克总统的讲话一句接着一句，思想高度不啻纳尔逊·曼德拉（Nelson Mandela）^② 的讲话。希拉克总统列举了自己要优先处理的五大问题。他首先提到的第一大问题是对抗气候变化的行动。第二大问题谈到根除贫穷的问题，接着又谈到了另类全球化运动中他最喜欢的议题——创立资金流税金："寻找新的资金来源，比如在全球化产生的巨额财富中抽取必要的税金。"在某些听众的脸上，我读到了惊奇，甚至恐惧。需要优先处理的第三大问题是：尊重必须建立在生物多样性与文化的多样性的基础之上。接下来的第四大问题是生产与消费方式的改变，最后，第五大问题是世界管理，以便"让全球化更加富有人性，更好地管理全球化进程"。几乎每一句话都是决定性的胜利，我觉得总统的这次讲话反映了我很多年来捍卫的原则，很高兴能够说服总统公开宣传这些想法。我原本以为说服总统可能会非常艰难，但实际上进行得很顺利，他最初表现出来的怀疑逐渐转化为坚定的信念。

---

　　① 清洁发展机制（Mécanisme de développement propre）是《京都议定书》（*Protocole de Kyoto*）中唯一一个包括发展中国家的弹性机制。

　　② 纳尔逊·曼德拉(1918—2013)，南非首位黑人总统，被尊称为"南非国父"。他是一位积极的反种族隔离人士，享有极高的国际声誉。

诚然，当时我不会想象到大会中高涨的热情后来会迅速消退，那次演讲诞生的希望大部分胎死腹中。在以前的讲话中，希拉克表明他保护环境的抗争绝非空谈。我还记得他在 2000 年 11 月联合国《气候变化框架公约》第六次缔约方大会（即海牙气候会议）上的讲话："我们处在十字路口上，你们的决定规划了地球的未来，现在绝不可以止步于询问与托词！"

让全球化更加人性化，更好地管理全球化——这是可以打开一扇扇大门的钥匙，掌握自己的命运，绝不役于外物。让人类不仅仅成为自然的主人，更要成为自己命运的主人。人类曾经过度开发、压榨、蔑视大自然，成为大自然的死敌，而现在人类需要与大自然重新建立联系。

总统后来强调道："现在我们应该承认世界公共财产的存在，人类应该共同管理这份财产。现在是时候彰显人性价值了，这超越了每个国家各自的利益。在墨西哥蒙特雷（Monterrey）我曾经说过，为了保证各国协调行动，我们需要一个社会与经济安全理事会；为了更好地管理环境问题，保证各国遵守里约热内卢会议的原则，我们需要世界环境组织。"

总统略微停顿了一下。很多人还没来得及仔细咀嚼这些超越往常政治格局的提议，总统开始了这次演讲的总结发言，为了地球上的生命慷慨激昂地辩护：

主席先生，与各种其他生物相比，人类在地球上生存的历史非常短暂。然而，因为人类自身的缺点导致大自然遭受威胁，这种威胁转而把人类自身置于危险境地。作为进化顶点的人类是否会成为其他生命的敌人呢？或许出于自私，或许出于愚昧，我们的确面临这样的风险。

几百万年前在非洲诞生的时候，人类脆弱无力，而后凭借着自己的聪明才智遍布全球，形成多种多样的文明，并成为地球的主宰。在人类危机存亡的关头，每种人类文明都应该得到尊重，人类应该与自然重新建立起尊重与协调的纽带，人类应该学会管理自身的力量，控制自己的欲望。今天，在约翰内斯堡，人类要重拾自己的命运。在南非这片美丽的土地上出现过塔博·姆贝基（Thabo Mbeki）、纳尔逊·曼德拉这样的伟大人物，而且南非是反对种族隔离政策胜利的旗手，所以南非也将成为人类迈进新阶段的圣地！

讲话持续时间不到七分钟，但它的影响极其深远。证据就是：总统刚刚结束演讲，所有与会者全体起立，以非同寻常的热情鼓掌。在这类会场中，讲话结束时听众通常会给予礼节性的掌声，但这次的鼓掌明显表明听众极度赞同总统的讲话。这一刻与会者的感情爆发，总统的政治起源与文化背景众所周知，人们为他热烈喝彩。我始终认为人的一生当中，最重要的是他的所作所为。希拉克这番讲话出人意料，产生过程绝不容易。这次讲话标志着多年来的交流与思考终于获得成果，标志着未来伟大政治行动的出发点。我们总算能够开启价值非凡的功业了！我开始幻想着一切皆有可能，因为圣埃克苏佩里（Antoine de Saint-Exuypéry）[1]说过一句名言："人生中不存在现成的解决方法，只有努力前行的勇气。勇往直前，解决方法自然随之而来。"

此时，政治与伦理携手同行，对我来说这样的时刻非常罕见。我承认自己不是一个十分专注的观察者，没有发现在这些能够掀起热情的政治言论背后隐藏着颇为麻木的观点。我需要度数更大的眼镜甚至放大镜才能看到背后的一切。后来我只有一次体会到了和在约翰内斯堡同样的激动之情。那是在伊拉克战争开始前几个星期，多米尼克·德维尔潘（Dominique de Villepin）[2]在联合国安理会上的讲话。接下来的一年半时间里，我通过政治新闻感到的多是失望与愤怒，而不是热情。

　　我认识雅克·希拉克已经超过十五年了，在我们第一次见面时他还是巴黎市长。他曾经传话给我说很欣赏我的工作，愿意和我会面，另外还希望更加广泛深入地了解我当时刚刚创建的"为了自然与人类－尼古拉·于洛基金会"（la Fondation Nicolas Hulot pour la Nature et l'Homme）。于是我愉快地接受了邀请，并非出于对政治的兴趣——当时我对政治一无所知，也不是为了接近权力——权力对我毫无吸引力。我接受邀请的原因非常简单，因为自己非常欣赏当时兼容并蓄的局面，我觉得自己拥有生活中非同寻常的机会：我既可以在阿拉斯加与因纽特人同行，也能够在金碧辉煌的大厅内和巴黎市长交谈；今天在鲨鱼和鲸鱼之间游弋，明天可以与各个党派的政治人物见面。这些经历是巨大的财富，我深知并非所有人都能拥有这样难得的机会。

　　见面后，当时还是巴黎市长的希拉克立即同意在不提出任何交换条件的前提下帮助我的基金会，他同时希望我们能够与巴黎城市发现中心合作，我欣然接受，因为这类工作原本就是我工作的一部分。不久后，希拉克又向我发出邀请，我们再度见面，于是我们之间的情谊不断加深。最初，我向他讲述自己的旅行，他非常感兴趣，提出各种问题，就我旅途中遭遇的事情、发现、情感这些主题展开讨论。当时我制作电视节目《乌斯怀亚·自然》(*Ushuaïa Nature*)[1] 的动机简单——发现自然奇观，远没有今天的目标远大。随着我在环保方面的工作不断深入，雅克·希拉克也一步步地见证了我的成长。我们不断地在更加广阔的角度深入探讨各种话题，于是我和希拉克谈话中原来曾存在的禁忌渐渐消失。

这样，我用自己的方法让"环保"这个概念逐渐为众人接受。在右派政党的世界里，"环保"这个词让人感到讨厌，甚至十恶不赦。在和别人对话的过程中，我常常提醒对方不要被单词本身所迷惑，环保仅仅是人类大家庭中的一门科学而已。不要把它变成禁忌，因为环保背后的利益关系到整个地球，况且当下情况紧急。无论是左派还是右派执政，以前很多届政府都没有针对环保问题采取有效措施。而后，在1995 年总统大选期间，我与希拉克谈话时的想法成型，尤其在左派与右派政党共同管理国家期间，希拉克仔细考虑了环境保护这种对他来说全新的议题。不久前，我又向他讲述了旅行期间的感受。从此之后，我的工作似乎专门负责宣布来自世界各地数不胜数的坏消息。

我对希拉克说，现在各个方面都亮起了红灯，自然情况远远不像人类几十年前想象的那样，自然平衡实际上极度脆

---

[1] 这是本书作者尼古拉·于洛兼任制片人和主持人的电视节目，介绍世界各地自然景色与当地风土人情。

弱，或许出于无知、自私、惯性，人类拒绝面对现实。生物多样性面临严重威胁，到了地球生命历史上前所未有的境地。我还举出了令人震惊的实例，证明没有任何领域幸免于难。森林毁坏的规模空前，地球上每年有相当于加利福尼亚州大小的森林消失。海洋生物量，也就是海洋生物的总量，是一个世纪前的十分之一，人类捕捞技术的数量在一个世纪的时间里也相应地翻了十翻，同样，沿海地区过度开发的情况愈演愈烈。在农业领域，由于森林消失和精耕细作的生产方式，每四秒钟就有一公顷土地变成沙漠。在发达国家里，向土地与水中倾倒的农业有毒物质越来越多，农业仅次于交通业，是温室气体产出的第二大行业。农业需要动用全球淡水的 70%，而全世界有一半人口遭遇可饮用水的获得问题。各地的自然资源开始枯竭，但是浪费现象愈演愈烈，不平等现象更加严重：地球上 20% 的居民消耗 80% 的资源，剩下的人口只能举步维艰地存活，有三十亿人每天依靠不到两美元生活。污染严重，第三世界国家每天有 25000 人因为水的化学污染和细菌污染死亡。沙漠化日益严重，城市人口以令人震惊的比例增加，二十年之内将翻倍，达到五十亿之多。我们的地球已经伤痕累累，而人类仍然无休无止地索取，总以为地球的资源取之不尽、用之不竭。即使不从军事角度看，人类依然拥有可怕的武器装备。人类的错误在于不断要求"生产"，而在生产过程中，人类正在摧毁一切。

现实无可辩驳：地球的脆弱程度前所未有。因为各方面状况不断恶化，人类用肉眼可以看到种种恶果。科学家发现地球比人类长久以来想象的要小，所以人类面对的威胁实际上更加严重。科学家把当前的灾难称作"第六次灭绝"，前几次灭绝指的是地球历史上各种灾难造成的全球物种消失，而这次威胁的程度史无前例。如果灾难发生，那么人类从两方面与之相关，一方面人类制造了灾难，另一方面人类要承担相应的后果。人类在地球上的生存系于一线，全凭几公里厚的大气层保护。如果人类像使用风镐一样钻得大气层千疮百孔，打破大气层脆弱的平衡，那么人类将走向灭亡。为了解决气候变化的问题，必须解决与之关系最直接的温室效应，人类应该把排放的温室气体降低到现在的四分之一。那么人类是否正在朝正确的方向前进呢？当然没有，人类反其道而行，温室气体的排放不断增加。事实让人惊愕：人类与自然的关系变得疏离，人类否认自己最深层的身份，拒绝承认恶行，在科学上和道德上双双脱轨。我们正走向自己亲手挖掘的深渊。

雅克·希拉克头脑中的信念与手头的证据逐渐增加，他的办公桌上各种笔记、咨讯、剪报越来越多。有时他与我争论，有时被我说服，有时沉默不语。无论如何，我依然如故，拿出新的证据说服他。对我来说，说服希拉克存在先天困难，我们两个人完全处在事物的两极，首先是年龄：二十三岁的差别，几乎差了一代人。然后是我们的学习经历：我们两人学习的科目完全不同、天差地远。再就是我们的政治立场：他始终坚定如一，我则非常模糊。另外还有我们成长的环境、生活习惯、兴趣与爱好，甚至身穿的衣服都完全不同。但是我们共同拥有关键品质是：好奇、希望理解活生生的现实。因为我最担心的是那些没有能力改变自己看法的人，大文豪雨果曾经说过："只要人的良心没有丧失，完全可以光明正大地改变观点。"

多年以来，我参加过各种智囊团为外界提供帮助，也在总统的要求下写过文件，然而我始终不是正式的官方成员。我的角色并不十分清楚，在各种具体情况下回应请求，主动接手工作，并没有一个确定的工作岗位。我的名字从没有在任何组织人员构成表中出现过，我也没有固定工作时间，更没有收到过一分钱的工资，我始终是一枚"自由电子"。雅克·希拉克也很快明白了这种运作方式：不应该把我限制在某一个具体职务上或者一个办公室里，他很欣赏这种独立的精神。我在他身边不过是一个摆渡人而已，在想法与人之间、在原则与事实之间的摆渡人，同时保留我做事的风度。所以，那段时间基金会环境监测委员会的作用在于：提供科学基础与精确的数据，用来支撑我的观点。

在2002年总统大选开始的时候，我很自然地继续工作，深入思考一个简单的问题，对我来说这个问题是环保政策的核心，即把环保与可持续发展两个概念结合起来。现在的相关部委就是以此命名的，我相信自己的工作在其中起了作用。我们形成了一些想法，供给作为候选人的希拉克使用，这些想法对我来说绝非从天而降。当时的我非常天真，各位读者还记得大选初期的民意调查以及四月份令人震惊的初选结果[①]吗？当时我们可以采取的对策非常多。如果希拉克获胜，那么我们不需要临时发挥，将直接进入下一步骤；如果希拉克没能获胜，那么希拉克的演讲将迫使获胜的候选人表明自己的立场。我始终非常欣赏雨果的一句话："获胜者只有实现失败者的诺言才能高枕无忧。"

利昂内尔·若斯潘（Lionel Jospin）[②]不再言辞谨慎，开始谈论环保方面的一些重要议题。同时，绿党[③]候选人不吝言辞教育公众，指责两名进入第二轮的总统候选人在经济、

---

① 2002 年 4 月，法国总统大选第一轮投票结束后，当时从来没有进入第二轮总统选举的极右翼保守政党候选人勒庞排名第二，将与获得票数第一名的候选人希拉克进入第二轮选举角逐总统宝座，极右翼政党候选人能够进入第二轮总统选举的事实让全法兰西举国上下深感震惊。

② 利昂内尔·若斯潘（1937—），法国政治人物、社会党人，在1997—2002 年担任法国总理，参加了 2002 年法国总统大选。出乎法国民众的预料，作为通常能够进入第二轮选举的社会党候选人，若斯潘在第一轮遭到淘汰。

③ 绿党是从环境保护非政府组织演化产生的政党，环保是其关注的主要问题。

外交、社会领域的过失。绿党候选人在上述问题上所花费的精力之大，让我怀疑环境问题在其竞选活动中究竟占据什么位置。这种怪异的交锋让众多希拉克的拥护者雀跃不已，但我却更多地感到伤心。在某种层面上，人们是对人而不是对事。但我追随的是思想而非某个人物。

身为一名环保主义者，我觉得自己的付出没有白费。我没有失去这个改变世界的历史契机，获得的结果也符合自己的预期。在一次又一次的活动中，希拉克把环保作为竞选的重要纲领之一。2002 年 3 月 18 日在阿弗朗什（Avranche），希拉克承诺制定"尊重宪法，保护人权、经济社会权利的"环保公约。希拉克继续说道："因为保护环境成为至高利益，普通法律必须遵守，……国家各个行政机关需要改变思想……如果只是在现有公共政策之上，工业、农业、运输、装备政策之上敷衍地加入几条环保条例的话，可持续发展的理想永远都不能实现，……假如不理解这些情况，我们的确可以口口声声讨论环境保护，但是永远无法真正讨论可持续发展的问题。"

回想一下五年来左派各个政党在环保方面的表现吧。诺埃拉·马麦尔（Noël Mamère）①主导着苍白无力的绿党活动，

---

① 诺埃拉·马麦尔（1948—），法国政治家、绿党党员。

多米尼克·瓦耐（Dominique Voynet）[1] 自称是非环保政府中唯一的环保主义者。环保主义在大众心目中只是一个模糊的概念，是时候让环保主义走出这种从属地位了；伊夫·科歇（Yves Cochet）[2] 是左派政党政府治下的最后一位部长，私下散布各种仿佛看穿一切的言论。这些情况并不让我吃惊。与经济、社会这些非常严肃的活动相比，总理觉得环境保护不过是奇怪的小玩意儿而已，他的环保顾问贝蒂娜·拉维尔（Bettina Laville）每天都感到失望，因为自己没有用武之地。拉维尔甚至建议利昂内尔·若斯潘和我建立长期联系，但没能得到首肯。众所周知，这位马提尼翁宫（Matignon）原来的主人[3] 向来对环保毫无兴趣，总理手下政府把提倡环保的绿党纳入多数派政党仅仅是政治策略而已，根本不是个人信仰。总理把环保问题分包给绿党，自己负责处理更加严肃的问题。

接下来的事情众所周知，雅克·希拉克赢得总统大选，邀请我担任部长，我谢绝了，然后仍然作为总统身边团队的成员工作。当希拉克对我发出工作邀请时，我回答："如果我

---

① 多米尼克·瓦耐（1958—），法国女性政治家、绿党党员，曾经两次参加总统竞选。

② 伊夫·科歇（1946—），法国政治人物，绿党党员，曾经担任民主与共和左翼主席、欧洲议会议员等职务。

③ 马提尼翁宫是法国总理府，这里是指法国前总理利昂内尔·若斯潘。

接受了，你会得到一个糟糕的部长，失去一个优秀的顾问。"后来他继续和我见面，给我打电话，就环保领域各种事件咨询我的看法，尽管如此，随着事务的繁忙我们之间还是产生了距离。让－皮埃尔·阿法兰（Jean-Pierre Raffarin）总理任命了两位女性执掌政府的环境与可持续发展部。我并不想占据她们两个人的位置，也不会每天都批判她们的政策。尽管偶尔我会评论政府的所作所为，但是海量的媒体报道如海啸山崩一样袭来，我的评论被迅速淹没，完全失去了意义。

当总统邀请我参加法国代表团前往约翰内斯堡时，我犹豫了：自己应该站在聚光灯下，还是应该留在巴黎、留在幕后呢？此时的选择绝非易事。如果前往约翰内斯堡，那么我会彻底地暴露自己，公众可能会觉得我忠实拥护当权派。将自己置于媒体下，我比任何人都知道这种行为带来的危险。加入某一党派往往比表明立场更加重要，我独立于各个党派与各种势力的"自由电子"的身份是否会失去可信度？我的肺腑之言是否会遭到别人怀疑？另外还有很多其他问题，很多人看来可能算不上什么，但是在我的眼中却至关重要。尽管我相信雅克·希拉克会把我安置在代表团的部长、外交官、顾问团队中，让我尽可能地感到舒适自如，但这终究不是我习惯的社会环境，与我熟悉的世界大相径庭。我对这个世界的规则、言语、习惯知之甚少，仿佛置身于奇异的部落当中。以前我身处印度人群中感到非常自然，与高层官员相处反而不知所措。西装革履、衣着光鲜，注意裤子的每一道折痕，这些都不属于我的习惯。个性使然，迫使自己改变天性实在是艰难的选择！三十岁的时候，我曾经嘲笑各种精英、名流的着装风格；十五年后，我依然不想融入"西装—领带"的高官一族。当然，看到众多不凡的学者、出色的外交官能够为我珍视、捍卫的环保事业齐聚一堂，我感到非常兴奋。

内心深处一个小小的声音反复告诉我，经过深思熟虑后所冒的风险总是强过被动得来的舒适，另外我已经习惯了冒险。墨守成规带来的舒适远不及冒险后获得的喜悦，而且与纳尔逊·曼德拉第二次见面的计划让我十分激动，第一次的会面给我留下了深刻的印象，这次会面更加令人期待。于是我下定决心前往约翰内斯堡，同时告诫自己必须遵守规则：尊重代表团，与官员们保持一定的距离，不要自高自大自以为是个名人，同时做好自己的工作，保证言论自由；不要尽说些空话、套话，虽然意图很好，但是法国仍然存在不少弱点。总之一句话：摆正自己的位置，不要把自己当成一个纯粹的摆设，同时遵守礼仪。也许有人觉得我参加这次活动是向当权者表示忠心，我愿意承担这种被误会的风险，因为我知道自己并非如此。另外一件事也可以证明：我谢绝了邀请我担任部长的机会，始终坚持独立思考的原则，与国家总统谈话时也不会表现得羞惭或者低人一等，况且这位总统还是我的朋友。

在返程的飞机上，我再次回顾南非在不到半代人的时间里走过的路程。十五年前谁能想到德克勒克（De Klerk）[1] 与曼德拉改变了历史进程？不同种族彼此对抗的情况下，这两个人凭借坚定的意志终结了种族隔离政策。

二十岁时，当我第一次踏上南非的土地时，对这个国家内部不同种族之间的怨恨几乎一无所知。我只知道这个国家自然风景优美，姑娘美丽动人，但是到了南非的第一天就让我大失所望。的确，这里的姑娘风姿绰约，但是如果白人到了黑人海滩或者黑人到了白人海滩就要遭受十年监禁的判决。白人海滩装备了防护网，防止鲨鱼侵袭，但是黑人海滩就没有防护网。这种行为居然让科学家得出这样荒谬的结论：和白色皮肤相比，鲨鱼更偏爱黑色皮肤！饭店也只能对某一种肤色的人种开放。银行里，为白人服务的柜台有八个，为黑人服务的柜台有一个，而在这个国家里黑人的数量是白人的十倍。白人的土地上往往蕴藏钻石、黄金，黑人的土地上一无所有。于是，暴力、怨怼、仇恨、恐惧无处不在，所有的反抗行为都在鲜血中遭到镇压。布尔人[2] 的后代即现在的阿非

---

① 弗雷德里克·威廉·德克勒克（1936—），南非政治家，迄今为止最后一位白人总统，在他与曼德拉的共同努力下以和平方式废除了种族隔离政策。

② 布尔人即阿非利卡人，是居住在南非的荷兰、法国、德国白人形成的混合民族。

利卡人，对于自己的种族歧视行为没有一丝羞愧。当时我带回了很多震撼人心灵的照片，我觉得这些东西是唯一能够让法国杂志读者反思的东西。其中一张照片拍摄内容是：在索韦托（Soweto）[①] 黑人聚居区里一群黑人孩子在垃圾堆中打高尔夫球。

1990 年，由于德克勒克的个人努力，加之国际社会的压力，他释放了二十七年前由于黑人运动入狱并成为黑人运动象征的曼德拉。不可思议之事发生了：曼德拉放弃了以非洲人民大会（ANC）为名义的武装斗争，德克勒克推动了种族隔离政策的废除。然后，1994 年南非举行了第一次多种族选举，黑人成为这个国家的领导人。历史并没有重复旧日的疯狂，而是出现了难以想象的转机，人类的精神与心灵把两个种族人民的悲剧变成了充满爱心的明智之举。新总统曼德拉在就职演说时的讲话证明了这一点：

> 我们最深的恐惧不是不够优秀，而是我们的力量超越了一切限制。
>
> 令我们最恐惧的不是自己的黑暗，而是自己的光芒，我们自问："我辉煌灿烂、光芒四射、聪明绝顶、出类拔

---

① 索韦托是南非约翰内斯堡的一个卫星城，在种族隔离时期成为最大的黑人聚居区，基础设施简陋，贫困问题严重。

萃，我是谁？"

你是神的孩子。

限制人们发展，使人们卑微的做法对世界毫无用处。

光亮不是让我们变得渺小，不是让我们给别人造成威胁。

我们生于世上目的是展现自己身上神的荣耀，这种荣耀不仅仅存在于天命所选之人，更存在于我们每个人身上。我们让自身的光芒更加明亮，其他人也会在不知不觉间释放更加耀眼的光辉。

把自己从恐惧中解放出来，我们的力量自然会给他人以自由。

曼德拉的言语和行为让他成为我心目中的大英雄。当选总统后，曼德拉邀请到私人府邸的首批客人中包括了三十年前曾经要求判他死刑的检察官。这一行为绝不是展示自己的权力，更不是为了报复，而是寻求和解。

在 20 世纪 90 年代中期与雅克·希拉克的一次谈话中，我们谈到了纳尔逊·曼德拉。我告诉希拉克，曼德拉是当代社会中我唯一一个佩服得五体投地的人。我还引用了雨果的名言："普天之下，只有在才华面前人们应该鞠躬，只有在仁慈面前人们应该膜拜。"希拉克总统十分欣赏这句话。四五年前，我陪伴希拉克总统在南部非洲访问，一天，他用寥寥数语请我去见"一位对你来说很重要的人"。当我打开门，发现曼德拉站在门的另一边。当时的激动之情完全无法表达，我呆立当场、瞠目结舌，一句话都说不出来。曼德拉过来拥抱我，向我表示欢迎。他的宽容、目光中的力量给我留下了深刻的印象，我结结巴巴地表达了自己的崇敬之情，他向我报以微笑。后来我们谈了些什么？应该是一些无关紧要的事情，我已经记不得了，但是这短短的一刻钟会面对我来说无比珍贵。今天，我心中充满希望。我希望看到曼德拉如同圣雄甘地一样，在世界各地通过规劝、非暴力的方法解决人类社会的各种巨大问题。

我的儿子在约翰内斯堡会议的同一年出生，我毫不迟疑地用我心目中的英雄给他取名纳尔逊（Nelson）。这个名字本身的词源意义是尼埃尔（Niels）之子，也就是尼古拉（Nicolas）的儿子。这个词包含了父母对孩子的爱与期望，还包含对曼德拉的敬意。

约翰内斯堡讲话并不仅仅限于对严酷现实的观察报告，而且还包括重大对策，其中首要对策就有建立国际性环保组织、研究金融流动征税的议题。希拉克总统兑现了在法国总统大选期间的承诺：竖起环保大旗，邀请自己的拥护者以及其他政治阵营的人士共同参与，给全国同胞足够强大的方案，鼓起人民的热情，把大家对未来的恐惧转化成前进的动力。我相信这份讲话将成为施政指南，各个部长、议员会朝着这个方向前进。

除了法兰西的全部担忧之外，这次讲话让每个人都感受到法国准备好在环保这片处女地上担任领导角色，法国的态度会在不久的将来产生影响。当时我的希望是：让法国成为欧盟环保计划的发动机，不依附美国的政策，表明自己的立场。从约翰内斯堡回国后，我的心中充满了美好的回忆与对未来的希望。

希望不久之后可以参与法国真正的环保政策出台，从不同的起点出发开创新未来，终于可以从根本上直面全球的关键问题了。

我回忆起雅克·希拉克与纳尔逊·曼德拉面对面地交流，曼德拉友好而坚定地拥抱希拉克，深情激昂地谈话。雅克·希拉克目不转睛地看着曼德拉，我知道希拉克已经深受感动，曼德拉的话语能够最终说服希拉克。曼德拉坚定有力地说道："决不能让布什政府为所欲为，不能让他代表整个地球发声，不能让他代表全部正义行动，绝不应该这样。"

法国总统希拉克明显深受触动，赞同曼德拉的想法。

当时他们讨论的是即将开始的伊拉克战争。

第二章
梦想破灭

开怀畅饮、酩酊大醉之后，次日的宿醉让人痛苦不堪。2002 年 9 月 3 日，约翰内斯堡的可持续发展峰会闭幕式结束后，与会各方返回自己的国家。前一天会上的热烈场面一落千丈，尽管如此，这股热情并没有完全消失。各国又回到了原来的惯常运行轨迹，着手解决眼前紧急的问题，于是会上讨论的环保议案又搁置到明天处理。

所有环境问题的国际会议都是如此，联合国、经合组织（OCDE）、北大西洋公约组织、欧盟、亚马孙盆地各国、非政府组织，我就不一一列举了。二十几年来十余种国际研讨会大同小异，要求数目越来越大的投入，动员越来越多的参会代表，举例来说，约翰内斯堡会议的参会人员超过 40000人，但是效果不佳。

每次会议结束，聚光灯关闭，电视台记者离开，大会上点燃的热情立刻消失殆尽，直到下一年另一次国际高峰会议引起国际关注。另一次高峰会议能否举行呢？实在难说。会议地点与会议日程可能改变，但是与会者和讨论的关键问题依然如故。同样的夏尔巴人展开同样的讨论，目的是让人接受某一点建议，把另一点建议从最终的解决方法中排除。同样的国家元首再次重申一成不变的原则——除了引人注目的美国，美国会一如既往地说出诸如"我国绝不在购买力问题上让步"之类的话。发展中国家也一样会抱怨不公平待遇。让人无能为力的现实再次摆在面前：全球 95% 的人口控诉自然环境恶化、贫穷的国家更加贫穷。

在峰会进行的同时，世界上各项活动继续进行。全球需要多长时间全部装备移动电话卫星天线？几年时间。花费多少？几百亿美元。另一个例子，法国的国防支出占公共支出的第二位，巨额款项被用于防止虚拟且微不足道的危险，但为真实存在的大规模环境风险的拨款少得可怜。很少有人为此提出异议，法国的情况如此，其他国家显然也不例外。为什么对我们所居住星球的未来性命攸关的决定迟迟不能实施？答案很清楚，环保协会的能力远远不及工业游说集团的影响力。

的确，1992 年里约热内卢峰会占据着特殊的地位，如同全世界意识到环境问题的导火索，普及了两种基本观点——可持续发展与生物多样性。除此之外，这次峰会在民众心中广泛地留下了深刻印象，因为在该会议上创立了《地球宪章》

028 （*Charte de la Terre*），签署了生物多样性、气候、森林公约，最终提出《二十一世纪议程》，在议程中规划了应该遵守的行动时间。总之，这次会议带来了新世界的希望，除了美国之外，其中很多原本难以想象的决定可能得以实现。

里约热内卢峰会上提出的各种关键问题，带来了巨大的希望。但是，各国并没有遵守的协议和行动中超过的时间期限，以及很多实际措施延期执行乃至彻底废除，表明里约热内卢峰会取得的结果不算成功。尽管如此，环保机制在这次会议后得以运行，然后又召开了其他关于水资源、空气、气候变化、人口、发展、能源、辐射、保护阿尔卑斯山等等各种主题的峰会，当然不能不提在京都召开的温室气体排放问题的大会[①]。包括法国在内的坚决捍卫环境保护的国家出席了那次会议。多米尼克·瓦耐（Dominique Voynet）代表法国出席，她当时被孤立，遭到不公正的待遇，被迫接受贫穷国家与富裕国家之间的"污染许可"。只有在这样的条件下美国才同意在议定书上签字，但是签字后美国始终没有最终批准议定书的内容。美国在十年的时间里持续实行威慑、要挟政策，迫使俄罗斯等国不在议定书上签字。所以，因为投票数量没有

[①] 1997年12月在日本京都由联合国气候变化框架公约参与制定的《京都议定书》，目标是"将大气中的温室气体含量稳定在一个适当水平，进而防止剧烈的气候改变对人类造成伤害"。

达到规定，协议失效。美国这个全球最强大的国家做出这种行为，所以其他的重大国际峰会出现各种受阻碍的结果并不出人意料。环保会议中最微小的决定也需要几乎全体与会国家的同意，而美国的做法导致不作为的负面影响进一步扩大。

约翰内斯堡会议恐怕将迎来同样的结局，峰会开始之前号称此次会议具有"里约热内卢会议的十倍力度"，恐怕到头来变成"里约热内卢会议的负十倍力度"吧。在两次会议之间这些年，各种问题更加严重，而人们普遍采取漠视的态度听之任之。这次会议如同全员参加的大型弥撒，包含虔诚的祝福和善良的情感，但是最终成果几乎为零。当承诺无法兑现时，许下承诺之人自然失去信誉，变得软弱无力。

我多次表示，如果约翰内斯堡会议"雷声大，雨点小"，会议的成果十分渺小的话，那么不要忘记这个微小的成果，它可能像滚雪球一样越变越大，而且当下处于关键时刻，为了使会议成果变得更加显著，要让那些政客明白他们的宣言会对自己未来的行为产生种种束缚。思想的进步应该以明确的目标告终，否则言语只能是言语，无法变成事实，我们需要另一种态度来对待地球的未来。讨论、思想的碰撞、学术上的酝酿应该时时进行，而不应该只在大型仪式上风风火火地做些表面文章。另外，请大家不要过于天真，除了战争与和平问题之外，如果国家元首来到某地参会就能改变世界秩序的话，那么公众早就该看到实际效果了。

　　为了不造成误会，需要做一点解释：我过分深入地参与了约翰内斯堡峰会，所以不能抨击任何人，当然也不能抨击那些政治人物。需要指出的是，这些政治人物应该处理的紧急情况完全属实。政治人物背后是记者，以及要形成舆论力量的公民。总之，所有人都忙碌不已，觉得要获得某些东西、某种方法、某个形象、某种事实。但世界上存在的问题似乎比人类看到的变化得更迅速，结果是：无论愿意与否，我们实际都参与到了"戏剧"的演出中去，每个人在自己的层面都有一个角色。意识与公约往往要比新闻内容本身更重要，有些人说出美好的话语，有些人拍摄优美的画面，写出人民的观察、评判，但是并没觉得这一切与自己有多大关系，每个人的良心都很安宁，没有疑虑。整出"戏剧"的演出过程中——更准确地说是即兴发挥的过程中，通常嘘声多于喝彩。比如，某位部长来到被原油污染的海滩上，很多记者、摄影师对此事进行采访，于是民众会觉得这位部长出现在这里为的是出风头；如果这位部长不亲临这片海滩，民众又会觉得他麻木不仁，对别人的痛苦毫不关心。

　　从更微观的层面来看，任何公共行为的极限都很容易被观察到。各个派别的政治领袖都愿意聆听我的意见，关切我对环境的担忧。我对此并没有任何遗憾之处，但是我的行动所能发出的光芒在"戏剧"的舞台上一定过于微弱，任何一个麦克风、任何一台摄像机转向我的时候，我马上能猜到对方要提出的问题：面对环保困境应该怎么办？我的回答始终不变：不论是我还是其他人都没有一劳永逸的神奇解决方法，因为任何事情都很复杂，我更希望积极地行动起来而不是待在这里回答问题。米歇尔·罗卡尔（Michel Rocard）[1]曾经说过，不存在简单的问题与简单的解决方法，只有复杂的问题和复杂的解决方法。环保与环境问题正是印证该说法的最佳实例。包括我在内的一些观察者发现了一些解决之道，情况万分复杂。

对位高权重、能够左右世界走向之人，我想说：你们的演讲可以拿到满分！棒极了！毫无疑问，各位今后的讲话也一定精彩纷呈。世界上每天都在诞生各种法律条文，我觉得这些条文完美地反映了国际上的种种事实，其中超过300份公约有关环境，还有超过900份有关环境的双边协定。好极了！现在应该把纸面上的文字转化成现实，卷起袖子奋力实干。因为地球不能无限期地等待美好的意愿，不能满足于时时推出的法律条文。今天，令人担忧的情况随处可见，以前在分析环境问题时可能还有人表示怀疑，但是现在环境危机已经确定无疑。人类的命运系于一线，只有极度幼稚的人才会拒绝承认这一可怕的事实。所以请用行动而不要用言语说

---

① 米歇尔·罗卡尔（1930—2016），法国政治家，社会党人，法国前总理。

服我们，挽救那些还能挽救的东西，准备好未来，改变世界运作方法，把依靠数量增长的发展模式转化成依靠质量提高的模式。不要只做那些表面文章，登上真正的行动舞台吧，用和平、进步的行动改变世界。

对于每份需要处理的材料，首先进行筛选。这样才能挑出可以迅速解决的问题和需要进一步深思熟虑的问题，这些工作要动用科学技术知识。深入研究工作，更加清楚地了解问题，确认各种假设，以上属于核心工作内容。在没有掌握全部信息的情况下匆忙做出结论往往导致糟糕的决定，那扇大门通往各种幻想、流言，会遭遇严重挫折，催生各种愚蠢行为。作家雨果已经提醒过我们："如果科学不能挺身而出，那么无知就会占据这片领地。"此处指的是建立合理思考体系，远离日常节奏，无论一个人多么杰出，都要杜绝一人独揽决定权的情况。疯牛病、石棉丑闻、血液污染丑闻等事件已经为人类敲响了警钟。另一个不能改变的原则是：无论短期还是中期计划，不要做无谓的牺牲。大家应该共同、坚定地遵守这两大原则，同时注意不要莽撞冒进。

不要毫无意义地浪费，这个目标完全可以达到。保证不浪费，这种做法不需要任何尖端科技，只需要严格执行已有的法律法规即可。只要立法存在，需要做的基础事情是签署执行法律的法令。比如，法律规定建筑企业必须在房屋预先建设烟囱，但是由于法国政府一直没有签署执行法令，所以实际上很多情况下建筑物中只能使用电力取暖。至于更大规模的法律，即改造建筑物中取暖方式的法律，让建筑物中的用户可以选择各种取暖方式，比如燃气、燃油、电力，这涉及各方利益，需要花费的成本很大，所以恐怕要等待更长的时间才能签署执行法令。再举另一个例子，没有人质疑保护海岸线的相关法律，但是很多人并不知道这条法律也适用于小港湾。该法律目前的实施范围很窄，原因是执行法令始终没有得以签署。

在能源领域，浪费达到了前所未有的程度。不隶属于游说机构的独立专家都表示，解决环境问题的一个关键是减少需求，但是目前的政策指向正好相反，反而在刺激需求，以便迎合不断增长的供给。核电始终处于产出过剩的情况，即使面对用电高峰时也是如此，所以供给总是高于正常的消费。由于电力无法储存，法国电力公司（EDF）一方面出口电力，另一方面大力促进广告宣传，刺激用户在任何情况下都使用电力。最新的宣传项目是让空调无处不在，汽车、办公室、公寓、公共汽车等等。在巴黎甚至已经出现了第一批试验对象：让汽车保持低温，车门每分钟开关一次，这是多么了不起的科技成果啊！但是人们应该做的绝不是广泛使用空调，因为那样的话既耗费能源又促使气候变暖。正确的方法是尽可能使用隔热效果好的材料，研究表明使用隔热材料能够降低 50% ~ 60% 的能源消耗。目前的做法导致恶性循环：

尽可能多地消费，以便使用过度产出的电力。而正确的做法是：降低消耗，根据消费总量调整电力产出。中期看来，这种方法一定能促成能源与环境双赢的局面。

另一个需要紧急处理的实例：找到解决海洋环境恶化问题的方法。要在欧洲层面解决海洋污染的问题，海洋目前是一片法外之地，应该尽快与海洋相关的各个行业展开负责任的对话，让他们了解物种消失的情况，找到另一种经济运作方式，实行补偿措施。不要在困难面前放弃希望，应该共同努力，找到能够兼顾现在与未来的解决方法。在这一理论基础上，创立欧洲环境局恐怕势在必行。欧洲已经展现出诸多优势，一定能够为环保事业做出更多贡献。

在运输领域，对环境的破坏比其他领域更甚。面对各种阻力，我们应该表现出更大的勇气限制人类活动。真正的环保工业能够缓解运输压力，真正做到铁路公路联运。即使没有进行艰苦的探索，运输行业中仍然存在很多解决方法。给研究工作更多的资金支持有助于探索经济可行、环保合格的道路，这才是需要优先考虑的行动。与其声称要找到一劳永逸的方法而止步不前，不如脚踏实地缓缓前进。

另外，请教育每位公民，让他们承担起自己的责任，个人在日常生活中能够对环保做的贡献比每个人想象的大得多。不要相信宿命，不要墨守成规，要勇于问责，不要以为环境问题总是由他人造成。当然，需要自问的是：个人能做些什么？这个问题非常宽泛，而且目前不存在标准答案。所以环保主义者更应该为每个人开辟道路，让每个人有更多的选择，行动起来，创造有利于环保知识传播与学习的环境。

作为消费者，每个公民其实都有不可忽视的权力，我们所有人都可以选择是污染环境还是保护环境。举几个例子：60%的民众把电池直接扔进垃圾箱而没有投放到回收点；有些人在大自然中为汽车更换机油；有些洗涤剂可以生物降解而有些洗涤剂则不能；有些电器的耗能是其他电器的 3 ~ 4 倍，而达到的效果相同。很多杂志上已经明确写出了保护环境的各种方法，但是大多数消费者对此并不关心。

在消费社会里，人类或者忽视，或者掩盖"上游"与"下游"。我们购买的商品从哪里来？产生的垃圾向哪里去？类似的问题甚至从来没有在我们的头脑中闪过。对时间我们也同样漠不关心：我们不知道未来，不了解过去，不能从曾经犯下的错误中吸取教训。对于现代化无比迷恋，只对现在感兴趣，相信明天一定会更好——这些头脑中的固有想法促使人们做出不负责任的举动。然而，最简单的环保方法就是动员每位消费者，让每个人都积极行动起来，把消费者转变成消费中的执法者，只要每个人有决心就可以实现。个体极度微小的污染行为汇聚起来的影响，可能超过很多媒体报道的环境灾难，而每个人的文明行为与环保举动可以扭转整个社会的风气。

环境与可持续发展部应该提供必要的工具，让人们了解哪些行业尊重环境，哪些行业不利于环保。环保标记的概念在此应处于核心地位，具体来说这个概念指的是从最初制造出厂直到最终废弃或者回收利用，产品为环境带来的全部影响。只要打上这个小小的环保标记，就可以让人们轻松地认出环保产品。今天，如果法国的每位居民把普通灯泡换成低能耗灯泡的话，电量生产将过剩，四座核电站会变得毫无用处。人们需要做的是长时间坚持理性消费，我并不是让人们减少消费，而是更加有效率地消费。每个人需要对环境更多一点关注，把个人的日常活动与整个地球的未来联系起来。

一些迹象鼓励我们可以在环保之路上继续走下去。比如，我在意法半导体公司（STMicroelectronics）组件生产商公司的社会与环境报告上欣喜地读到该公司"环保免费"的承诺。这家公司对自己采取环境保护措施的相关花费进行计算，总额为320亿美元，而他们通过节约用电用水、减少使用化学产品节省的金额则超过了320亿美元的花费，可见环保活动对企业同样有利。现在谁还敢说坚持环保就一定要像在石器时代那样过食不果腹、衣不蔽体的生活？

生物农业的迅速发展是人们环保意识提高的另一种表现，生产者、消费者的环保水平都在提高。消费者通过自身感受了解到，虽然通过生态农业饲养的鸡价格更高，但是做熟之后这种鸡的重量是传统工业养殖鸡重量的两倍，因为工业养殖鸡体内含水分过高。的确，生态农业、绿色食品之类的称呼未必符合实际情况，有时只是广告吹嘘的结果，但是不必伤心，至少这种情况表明之所以有些公司冒充生物农业的名号是因为它们了解环保的价值。至于怎样杜绝这种冒名顶替的情况，请公权部门介入处理吧。法国在 20 世纪 80 年代就已经大力发展"生态农业"循环，并且成为该领域的领导者，但是后来得知现在人们消费的绿色产品中居然有一半来自进口，我实在按捺不住胸中的怒火。我们不应该鼓励本国的生物农业发展吗？比如，学习德国政府，德国在 2000 年拨款相当于 16 亿法郎的资金给本国的生态农业补贴，而法国提供的补助仅仅是德国的十二分之一。

　　对健康影响的研究还在起步阶段，不过科学界已经知道躯体记忆会保留通过治疗、饮食方式进入人体的分子。这种貌似平常的生理活动可能给身体带来严重的后果。十年到十五年前，在法国海滩曾经出现海豚大规模搁浅事件。于是各种老生常谈甚嚣尘上，一些报纸用集体自杀、大规模抑郁之类的鬼话解释这种现象。后来科学家经过分析发现，这些可怜的海豚体内聚积的有毒物质浓度很高。海豚处在食物链顶端，天长日久，体内积蓄了海洋里的各种污染物。暴风雨出现，迫使海豚消耗很多的能量以求存活，于是耗尽了气力。此外，海豚体内积聚的有毒物质渗入血液，导致它们大规模死亡。

在海豚身上发生的一切有可能在人体重演，该事件为消费者提供了可靠的证据。所以人类应该食用更优质的食品，而且应该强制食堂、医院，以及所有公共用餐地点使用绿色食品。

面对这堆积如山的紧急卷宗，我不禁自问：为什么没有把环境政策纳入五年计划需要优先执行的方案当中呢？为什么环境与可持续发展部不直接隶属总理管辖呢？为什么它在政府各部委中总是属于从属地位呢？无论过去还是现在，为什么总是借口会影响其他部门工作撤回各种环境保护研究呢？为什么在国土规划中环境与可持续发展部不受重视？怎么能想象得到政府差点禁止狩猎，转而把狩猎地用于农业生产？上述所有事实可以归结为一句话：我们并没有赋予环境与可持续发展部更多的权力，反而正在剥夺该部委的权力。我们回到了三十年来的老问题：负责具体事务的部长面对现实时发现自己无能为力，只能凭借偶尔执行的政策自我安慰："至少做了一件实事。"这些部长心中最清楚，这些偶尔为之的环保策略绝不能拯救人类，危险如巨大冰山般逐渐靠近。我不禁再次提问：究竟是什么阻碍了纸面政策进入执行阶段？

从前的解释简单生硬，认为人们意志薄弱、表里不一造成了当前情况。先把这些解释抛到一边，单纯从事实本身的分析入手吧。那些妨碍进步的真正阻力是什么？

可能难以置信，而事实的确如此：科学界亲手设置了一些障碍。1992 年里约热内卢峰会之后，出现了海德尔堡（Heidelberg）申诉，批评环境保护，指责"出现不理性的思想体系，阻碍科学进步与经济发展"，有 250 名世界知名的科学家在文件上签名，其中还包括 52 名诺贝尔奖获得者。当时这一事件引起了极大反响，大众舆论和科学界都做出了反应，各方代表指出多年来发生的环境灾难，几乎每个星期都有书籍或者文章呼吁公众关注环保话题，比如气候变暖、陆地与海洋污染、垃圾回收、森林消失、生物圈遭到毁坏等等。那么，在文件上签字的人究竟在想什么？他们不担心回归蒙昧吗？是对过去的日子感到怀念吗？是害怕当时部分激进的环保运动吗？所有的活动中都存在宗教激进主义者，一些"死硬"的环保主义者希望回应"死硬"的科学家。十年过去了，科学界对环保的批评已经大大减少，即使一些批评重新浮出水面，也不难看到背后企业游说集团的影响和所谓应用研究的分量。出版的基础研究作品，很少有警告读者警惕环保运动的，相反，这类的作品越来越少。

最近，丹麦统计学家比约恩·隆伯格（Bjorn Lomborg）成为热点话题的中心人物。长时间以来，这位年轻的学者自称"比绿色和平组织更加左派"，今天却被右派政府安排领导一个评估环境的学院。他在 2001 年出版了名为《令人怀疑的环保者：全球真实情况评估》（*The Skeptical Environmentalist,*

Measuring the Real state of the World）的书，这本书目前还没有法语版本。隆伯格在研究中的观点可以归结为以下两方面：一方面，环保主义者过分夸大很多事实，比如自然资源匮乏；另一方面，防止全球气候变暖等行动的实际花费，可能比环保主义者宣称的巨额支出少得多。换句话说，问题确实存在，但是远远没有环保者宣传的那么多，也没有那么难以解决。在这里摘录几句隆伯格发表在《国际通讯》（*Courrier international*）文章中的话："是过高的花费，而不是自然资源稀缺造成了开发最重要的障碍。"不难看出，他用经济思维进行推理，甚至到了夸张、歪曲的程度。隆伯格表示，如果在 21 世纪全球温度上升 2℃ ~ 3℃，"这些有关温度升高的问题将主要出现在发展中国家，总治理费用达到 50000 亿美元"。由此得出结论，"问题在于了治疗的花费是否高于疾病本身"。看到这种结论，我很想知道发展中国家对这种纯粹从经济角度出发的观点做何感想？下边是隆伯格"锦上添花"的观点：制造这种悲观情绪的原因是什么呢？环保组织希望借此获得媒体的关注，然后大捞一笔。从各种经济学角度研究问题，隆伯格一定以为别人都和他有一样看法。但是，这些理论禁不住事实的考验。法国国家科学研究中心（CNRS）研究主任奥利维埃·戈达尔（Olivier Godard）戏称隆伯格是"环

保世界中的丁丁 ①"，他把梦想与现实混为一谈。根据隆伯格文中的观点，实际的问题并不存在，只需等待未来几代人努力解决就可万事大吉了。难道不正是这种掩耳盗铃的政策让我们走到了今天的窘境吗？隆伯格只不过用自己的方式不断重复着最典型的唯科学主义思想而已，而这种思想已经给人类造成了严重伤害。

随着约翰内斯堡峰会的临近，众多媒体开始了各种形式的攻击。《当代价值》（ *Valeurs Actuelles* ）杂志在 2002 年 8 月的头条标题是："绿党的谎言：温室效应、臭氧层破坏、森林消失"。《新观察家》（ *Le Nouvel Observateur* ）杂志给出的标题更加中性，但还是流露出怀疑之意："地球遭受威胁：是真是假"。《科学与生命》（ *Science et Vie* ）杂志直接提出问题："地球真的生病了？"科学界几乎所有人都确定无疑地认为环境出现了问题，而杂志封面头条标题依然对此提出质疑，这种做法只会在公众的心中散布疑惑。

公众不需要这些舆论，人们始终很难被说服，而且更偏爱安静的生活，不愿面对问题。所以即使得不到认同，依然有很多科学工作者大声疾呼。众多名人都为此发声，比如勒

---

① 丁丁是比利时漫画家埃尔热（Hergé）的知名漫画《丁丁历险记》（ *Les Aventures de Tintin* ）的主人公。

内·迪蒙（René Dumont）[1]、让·多斯特（Jean Dorst）[2]、泰奥
多尔·莫诺（Théodore Monod）[3]、让－玛力·拜尔特（Jean-Marie
Pelt）[4]、于贝尔·雷弗（Hubert Reeves）[5]都发表过大量作品，
可是公众对他们的呼吁往往充耳不闻。这些作品的目标读者
并非科学专业人士，而是普罗大众，作品中引用了最典型的
数字、最具说服力的例子。

　　此前的环保人士没有获得重视的原因很容易理解。
三四十年前，社会最紧急的任务是战后重建、住房、工作、
粮食与能源自给自足、所有阶层得到更广泛的社会福利等等。
身为福利国家的法国有其他更重要的问题处理，没有时间与
精力权衡建设可能带来的副作用。起初环保组织没有经验，
犯下很多错误，用不合时宜的雄辩之术或者过分夸张的修辞
让自己陷入尴尬的境地。比如，激进组织"深度环保"（Deep
Ecology）曾经很长时间提出这样的口号：如果有一个物种不

---

① 勒内·迪蒙（1904—2001），法国农业工程师、社会学家、政
治人物。

② 让·多斯特（1924—2001），法国鸟类学专家。

③ 泰奥多尔·莫诺（1902—2000），法国自然学家、人类学家。

④ 让－玛力·拜尔特（1933—2015），法国生物学家、植物学家、
药学家。

⑤ 于贝尔·雷弗（1932—　），加拿大天体物理学家、美国国家航
天局科学顾问、科普推广者，1965年后常驻法国，在法国科学院从事
研究工作。

应该在地球上生存，那么这个物种就是人类！这样的说辞很难获得民众的大规模支持以拯救地球。环保与进步之间被人为地挖出一道鸿沟，长时间以来很多怀旧的环保活动中，环保者的形象是"酷酷的嬉皮士"，是家庭中萎靡不振、愤世嫉俗的儿子，而当时的主流思想是进步、积极生产、大众消费带来的快乐，这两种思潮格格不入。

除了一些过分夸张和令人恼火的类比观点，比如保护动物，环境保护主义者的核心思想应当是关注人类与人类的未来。我认为碧姬·芭铎（Brigitee Bardot）[①]引领的行动未必总会产生积极的结果。正如普鲁塔克（Plutarque）[②]所说，"对动物的善意是对人类之爱的准备"。我坚信痛苦无法比较，但可以相互叠加，所有生物不可分割，所以无论从伦理还是从必要性上看，人们完全没有必要彼此蔑视。对后代的爱与对动物的同情通过相同的根源汲取营养。在普鲁塔克去世二十个世纪之后，受到历史悲剧的启迪，玛格丽特·尤瑟纳尔（Marguerite Yourcenar）[③]也表达了同样的观点："人类之间之所以犯下残酷的罪行，往往源于人类残酷对待动物的行为。

[①] 碧姬·芭铎（1934—），法国著名电影女星，息影后积极投身动物保护主义活动。

[②] 普鲁塔克（46—125），生活于罗马时代的希腊作家。

[③] 玛格丽特·尤瑟纳尔（1903—1987），法国著名作家。

044　　如果我们反对将载满动物的车辆驶向屠宰场，就一定不会接受将挤满犹太人的列车开向集中营。猎人会为了战争变得更加冷酷。"我对这种观点完全赞同：环境保护的战斗等同于人文主义的战斗。

各种事件长时间蒙蔽了环保斗争者的双眼，导致环境保护被边缘化。直到最近，政治力量都没有参与到环境保护活动中来。环保问题没有得到广大民众的响应，于是环保人士产生无能为力的感觉。但是有些事情他们自己都没有意识到，实际上环保人士的工作正在潜移默化地改变着世界的良知。只要知道有人为了全体人类的未来而奋斗，人们就会继续在这条路上走下去，预防灾难爆发。宗教同样鼓励这种行为，犯下罪行后，人始终可以救赎自己。正如福音书中所说，问题在于我们不知道何时何地遭到惩罚。

今天，人们已经开始意识到环保问题，相关书籍得到越来越多的积极回应，各种报纸用整版篇幅报道环境问题，很多环保活动积极分子受邀参加各种各样的会议与论坛。遗憾的是出现了新的阻碍，教育民众的任务举步维艰。社会运行如同一个长久以来过度使用抗生素的机体，过度滥用药物致使其产生强烈的抗药性。

反抗环保，首当其冲的力量当然是一些决策人。在这一层面上，乔治·W.布什当选美国总统真的是一场灾难。从他的任期之初开始，美国共和党政府就采取强硬态度，在历史面前斤斤计较，采用各种诡计否认确凿无误的事实证据：全世界工业排放二氧化碳总量中，美国的排放量占到了四分之一。但是美国拒绝签署《京都议定书》（*le Protocole de Kyoto*），并且表示不论什么都不能改变美国人的生活方式，我对这些做法感到非常厌恶。布什政府让以前取得的环保成果灰飞烟灭，几十年来在法律上的进步和反对美国工农业游说活动的成绩化为乌有。计划减少数百吨工业垃圾排放的方案，遭到冻结；历经四十年来的政治更迭却始终存在的另一个环保方案，也遭到冻结，因为该方案意图保护物种，并且把一些土地改造成自然保护区。再举一个例子，1992年至2000年，不少于572种动物的名字加入了保护动物名单，而布什政府在该名单上没有添加任何一个新种类的动物。尽管环保运动施加各种压力，但是工业、农业、林业方面的要求依然完全得到满足，10%的加利福尼亚州巨型红杉遭到砍伐，60%的河流、湖泊很快就不再归国家管理，大门洞开迎接各种形式的污染，各种不受限制的排水、洒水、灌溉可以随意进行。

风险名单不断变长，因为来自各大工业的人士占据了政府中的重要职务，他们的本质就决定了必然反对各种管理法规。在工业领域，共和党的传统根深蒂固。美国前总统里根在任期内支持"大气污染主要由植物造成"的说法，所以大西洋彼岸的美国朝这个方向走去。二十年前，里根这位无知的 B 级片演员成为坚信军事主义的共和党人。小布什，作为得克萨斯州前州长，很随意地继续实行电椅死刑制度，我们觉得这样的人完全可以毫不犹豫地把未来几代人的生命置于危险之中。美国总统小布什走出得州的农场后，恐怕会在大自然中呕吐吧。他本人则因为开采石油大发横财，自然而然地捍卫石油工业的利益。

2001 年 4 月，我在《巴黎竞赛报》(*Paris-Match*) 上发表了题为《乔治·布什的自闭症》(*L'autisme de George Bush*) 一文，我写下了这样的话："乔治·布什到达了权力金字塔的顶峰，导致对环保问题的思考退步回到了新石器时代。但是，在真正的石器时代，毫无疑问人类与自然的关系更加紧密，更加和谐。"如果让我今天重新撰写这篇文章，我不会修改一个字。

另外，还存在更加精妙、更加系统化的方法阻碍环保工作，当事人并不一定意识到这一点。这些手段存在于权力行使的边缘。

最近的大选结束后，我看到很多部长兴高采烈地接受任命，带着满满的雄心与热情迎接新工作，仿佛要进攻一座堡垒。一些部长是相关领域的知名专家，拥有人脉关系、巨大的影响力，心中熟知该领域的陷阱与禁忌；另外一些部长是政界老手，习惯了应对工作中的各种危险，游刃有余地接触记者，面带微笑地与朋友和敌人周旋，在幕前与幕后的各种场合下都如鱼得水。所有人似乎都信心百倍、实力超群，能够获得非凡的成绩。

不到六个月后，我遇到的一些部长已经变成了自己的影子，大多数人身体上筋疲力尽，精神上百无聊赖，智力上灰飞烟灭。多米尼克·瓦耐（Dominique Voynet）抱怨，经过了部长的任期之后，"智力已经干涸枯竭"。部长的工作把他们的精力消耗殆尽，工作时间表让他们疲惫不堪。那么，他们每天的工作是什么呢？答案是：疲于奔命。从落成仪式到听证会，从部长顾问会议到部际委员会，从颁发奖章到新闻发布会——以及更加琐碎的工作：从一个代表任务到另一个代表任务，还有代表自己国家展示各种自己并不拥有的荣耀。在这样的工作条件下，挤出时间思考变得非常困难，但是分析、思考、规划未来政策又是必不可少的工作。当然，人们都说管理国家需要规划未来，但政治家需要时间与空间进行规划，留给他们行动的时间与空间却微乎其微。

部长办公室的工作量超出常人的承受能力，日常工作堆积如山，而且这种情况日益加重。我做的比喻可能不太恰当，但是部长本人的确如同"填鸭"饲养方法中的鸭子，每天都要被塞给更大的工作量而没有时间消化。当然，这些工作事先得到过预处理，但是结果依然糟糕。部长的顾问将上千页的报告总结成几十行的摘要，其中很多必须要说的内容来自游说集团施加的压力。在政府内的职位越高，工作时间越被压缩。我有机会见到一位前总理，他的坦诚让我非常欣赏，他告诉我："谈到能源，外界的压力让你经常做出错误的判断，这也是事后我才意识到的问题。"不得不承认，如果总理都不能掌握必要的信息制定国家未来几十年的能源政策，那么普通公民真的要担心了。似乎只有总统能够免于遭受这种非人的工作强度，但是据我所知，总统的工作量也接近可以承受的极限，代表国家出席的各种活动比例更大。

为了从事政治职业，是否需要拥有特殊的优点或者彻底失去自我意识，是否应该天赋异禀，具备普通人没有的能力呢？我并不这么想。政治人物和我们都属于人类这一种族，他们不是天使也不是野兽，而政治本身复杂异常。不要遮遮掩掩了，政治制度本来就十分虚伪。在代表最高权力与进行活动之间、在选举程序与权力事实之间，存在着巨大的鸿沟。造成这种鸿沟的不仅仅是政治人物，社会的责任同样不可忽视。当政治人物对社会的呼吁做出回应时，人们指责政治人物搞机会主义；当政治人物面对社会做出决策时，必须承受社会的强烈反应——否决与遗弃。总之，舆论为了一点小事就大声疾呼，要求改变，但是组成社会的公民却不肯付出相应的代价。所以造成了政治系统的惰性：绝对不要引起风浪，不要让舆论把自己推向风口浪尖。这种现象并非法国独有，美国的议员如果想面对棘手问题做出决定时会使用非常形象的比喻：不在我的花园里，不在我的任期内。换句话说，如果婴儿大哭大闹，除非打一针镇静剂，否则他们会尽可能把这块烫手的山芋塞给同事。

我们所在的社会过度演变，变成了一群自由主义的集合体，游说集团可以围绕各个阶层的利益把社会结成联盟。有时，社会中活跃的组成部分能够展示自己的力量，阻碍变革的出现。社会各个阶层面对改革，明明知道这些改革非常必要，但是仍然扮演绊脚石的角色，使改革无法进行。社会舆论要求改革立竿见影，但同时又要求保护所有人的利益，政治人物面对这些要求举步维艰，甚至无计可施。想想全国教育系统的改革、税收体系的改革吧，这些都是活生生的例子。政治人物要承受这样的压力，于是他们像当地民众说的那样，管理自己的部委时的手段如同"一家之主"，只关注眼前最紧急的问题，可是我能因此指责、怨恨他们吗？

媒体让这种现象更加严重，媒体的无处不在挫伤理性、智慧、进步，不利于需要时间与耐心的工作。媒体传递消息，让社会几乎做出实时回应，把人的情感定格在某一时刻而不给人思考的时间。通过这种方法，媒体制造感情冲击，面对有时无法控制的结果煽动大众的情绪，促使社会急速反应而不是帮助人们安静思考。尽管社会能够通过反应而改变，但是社会只有通过思考才能进步。而媒体到处传播各种流言蜚语，不论真假，这些流言蜚语创造了长期焦虑的情绪。这种悲剧乐曲伴随着生活中的各种事件，这是一种温柔、狡诈的毒药。信息如此丰富，大量的信息不会让人警醒，反而给人催眠。怎样选择信息呢？结果让人伤心。专制社会里，政府选择封杀信息；民主社会里，政府的做法完全相反，完全放开各种各样的信息来源。但是，信息爆炸与信息匮乏的结果相同，接收过多信息反而让听众充耳不闻。与其他领域相同，我们如同乘坐船只顺流而下，根本没有时间仔细聆听。由于过分沉浸在自责与无能为力的感觉里，信息把我们封闭在个人主义当中，而没有让我们与世界相连。于是，幸福成了一种无意识状态，为了装作幸福，需要闭上眼睛。我们生活在"速度"的桎梏之下，仿佛速度提高就会让人拥有更多的时间。真理则恰恰相反，放慢速度才能让人有时间思考。勒内·迪博（René Dubos）[1]、让·多斯特（Jean Dorst）、泰奥多尔·莫诺（Théodore Monod）等对我来说意义非凡的人，他们知道怎样远离这种狂热。

总结一下，目前危机重重：舆论过分活跃，政界无能为力，这种无力感在法国尤其严重，因为公共债务限制了政治人物的活动空间，媒体拥有可怕的虚拟权力。面对这一切，行政机构以及政治人物私下里满腹牢骚，承认了自己的无能，没有办法改变无奈的事实。积极活动的游说机构力量强大，

---

[1] 勒内·迪博（1901—1982），法国农学家、生物学家、生态学家。

甚至进入了各个部委的办公室，政治上的分裂阵营阻碍协议的达成。答案越来越明显：政治人物的活动空间几乎为零。

有人可能认为我的总结过分黑暗，充满了怀旧感，仿佛旧日一切都更加容易一样。如果这样想那就大错特错了。社会生活向来不容易，政治人物的工作始终充满荆棘。大约一百五十年前，亚力克西·德·托克维尔（Alexis de Tocqueville）① 已经指出："个人主义是一种思虑周全且平和的感觉，让每个公民都从与自己相似之人组成的群体中分离出来，让每个人与自己的家庭成员和朋友保持距离。以至于个人主义建立了为自己所用的小社会后，自愿放弃大社会本身。"

政界与工业界拥有同样的特点，这个特点让两者变得脆弱：它们都依据短期规划和简化纲要行事。政治人物首先要保证拥有选民数量，选民每天都要应对各自生活中的问题，希望自己推举的代言人采取的措施立竿见影，这给政治人物的行动时间非常有限。我们理解选民的期待，因为政治人物会许下各种诺言，他们似乎觉得自己位高权重，整个世界都会在政令下做出改变。于是，民众的信心越大，最后的失望

① 亚力克西·德·托克维尔（1805—1859），法国政治社会学家、政治思想家、历史学家。著有《论美国的民主》（*De la démocratie en Amérique*）、《旧制度与大革命》（*L'Ancien Régime et la Révolution*）等书，探讨了社会中民主、自由与平等之间的关系，以及平等观念对于个人与社会之间的关系所带来的问题。

越大。现实情况越复杂,人们会越着急做出简单化的选择,接下来的失败越惨烈。法国每年都遇到洪水的问题,人类因素导致洪水泛滥,这一点越来越清楚地显现出来,而且盲目行事的情况在法国尤其严重。通常,我们的官员第一个相信只有进步才能解决进步本身带来的问题。这种信仰本身又加入了一个结构上的问题,即同时考虑近期、中期、长期问题的做法很困难。

这种节奏的决策方式与环境因素格格不入,我们的社会特点在于持续出现的不稳定因素导致无法采取长期的根治措施。而环境保护促成的各种文化变革认为,应该从更长时间的层面来理解、解决问题。因为从环保眼光看来,不应该假设未来,而且对未来的设想往往不像我们以为的那样不可调和。有些措施代价昂贵而且不能马上见效,但这些措施从中期看是不错的经济来源,也是最佳的解决方法。在我们这样的温带国家,洪水在越来越短的时间间隔里摧毁整片地区,灾后重建的花费极其巨大,保险公司已经不能独自负担全部开支了,所以需要各个地方政府的帮助。要知道,多数所谓的自然灾害往往由人为因素造成,最聪明的办法是把资金投到治理灾害的源头上去,也就是说仔细考虑是哪些原因造成的灾害,从根本上处理。可是在实际生活中,人们声称这些灾害无法预料,在发生灾害后疲于应付,掩饰灾害的成因是由于人类的粗心大意。于是相关预算连年攀升,赤字不断增长，议员面对这样的投资开销无法自处。

我常常幻想人类所处的世界会变成什么样子。少一点喧哗的沟通，更加合理的交流，能够让政治人物清楚地解释他们对未来的设想，真正投入其他发展模式的建设中；建设不要急于求成，应该稳步前进，每一步都要经过协商与思考。如果政府同意我以这种方式工作，我一定非常乐于加入其中。我不相信存在奇迹般的解决方案，我相信一届又一届的政府之间需要遵循统一的指导方针，这样才能让国家逐渐在集体利益方面做出改变。随着各种新问题的出现，也会出现各种新的、更加巧妙的解决方法，逐渐形成良性教育机制。取得初步成果后，吸引更多的人参与，整个社会活跃起来。

是我太天真了吗？我不这么认为。政治人物能够做出长期规划的世界或许就在我们眼前生根发芽。这种看法是有事实根据的，比如欧洲已经能够在环保方面勇敢地统一行动了。欧盟专员是唯一对渔业、狩猎、空气污染以及各个领域的环境问题敲响警钟的人。今天，在欧盟的层面我们已经拥有设想未来的能力和对未来的责任感。但是，有些国家踩下了刹车。比如2000年自然方案中规划了若干环境保护区，这些保护区拥有特殊的权利与责任，每个欧盟成员国应该依照规定的时间划出各自国家的环境保护区。法国国情复杂，国内对话困难，对这个问题表示不满。在法国划出一个环境保护区后，当地立即爆发"小型革命"表示抗议，人类对于土地的

054 权利依然远远高于动物与自然对于土地的权利。

我亲身经历的一段往事浮上心头，这件事证明了我们所处的社会虽然存在众多阻碍，但是依然能够提供相当数量的捷径去解决问题。

2002 年 5 月 30 日在立法选举 ① 活动中，我为《解放报》（*Libération*）撰写了一篇题为《地球，一号问题》（*La Terre, problème numéro 1*）的文章。文章指出了候选人纲领中"环保问题为零"的事实，提醒全部参选者注意环境保护问题，以及环保问题的迫切性。其中的核心思想是：当心，如果你不照顾好环境，环境很快就要来"照顾"你了。虽然我与雅克·希拉克关系密切，但是希拉克所属政党没有给我任何优待。我文章的前几行就可以证明这一点："选举活动继续进行，很遗憾所有人的竞选纲领中的共同点是都没有涉及环保问题。在第一轮总统选举的巨大刺激 ② 之后，似乎所有的立法选举候选人依然逍遥自在，政治参谋部门再次做些漂亮的表面文章。每个人都仿佛突然灵光乍现，承诺已经听到了民众的呼声。这种荒唐的表演似乎又获得了成功。"

文章发表后，我没有看到任何回应。

---

① 立法选举是指法国的国民议会或者参议院选举。

② 这里是指 2002 年第一轮总统选举之后，法国极右民粹主义政党的候选人勒庞出乎选民意料进入了第二轮总统选举，法国举国震惊。

第三章
我是如何成为环保主义者的

悲剧伴随我走入成年，父亲去世、兄弟自杀，但这些悲剧让我内心坚强，不会轻易遭到诱惑，不会被美丽的假象和金光闪闪的外表所欺骗。我很早就知道人生中什么东西最重要，我接受的教育告诉我如何分辨事物的表面价格和它真正的价值。当开始获得高额收入的时候，我依然保持头脑清醒，没有让金钱蒙蔽眼睛。我很快意识到了很多颇为过分的事情，理解了对我有利的现象背后存在着诸多不公。正如作家雨果曾经说的，"在过分的幸福当中，可能包含从别人手里攫取的东西"。

不能保持这份清醒的人很快就产生了不适当的言行，我对此很清楚。在媒体这一行当里金钱流动非常迅速，人们很容易越界。自我展示可能变成媒体世界的唯一目的，行业中人会把自己展现在观众面前的形象与真正的自我混为一谈，把自己拿到手的报酬与自己真正的价值等量齐观,当人们把名望当成能力,甚至个人品质的判断标准时,人们很可能变成伊卡洛斯(Icare)[1]似的人物,终将因靠近太阳而使翅膀燃烧。

我知道怎样躲避这些暗礁,我心中的目标坚如磐石。我喜欢的地方、我的朋友,一切都和我儿时的情况没有多少变化。虽然我喜欢远游,但心中也有插入海底深处的船锚。我讨厌人们分成不同的阶层与阵营,这会导致分裂,让人群形成一个个文化与社会的孤岛,凭借经验我知道身处无主之地会促使同质化出现,导致失去身份。我喜欢这样的形象:一个人通过自己的根获得养分,并且从他处获得光芒丰富自己。我很有幸诞生在善良的地方,热情的环境在赋予权利之前给予的是义务。希望我们都能为他人着想,地球属于所有人。

我相信坚定的信念和思想能够引导他人,因为我本人就经历过这段路程。儿童时代的内部因素和外部因素共同促使我走上了今天的道路。我在自己的第一本书里讲述了全家外出散心的经历:在法兰西岛的小花园里度过周末,当时的我觉得花园巨大无比;在布列塔尼度过夏天,现在我似乎还能

---

[1] 伊卡洛斯,希腊神话中的人物,能够凭借自己制造的翅膀飞行。后来,他在飞行中骄傲自大、得意忘形,飞得过高,结果翅膀被太阳融化,落入海中溺亡。

看到母亲坐在我面前眺望大海的情景。父母教会我享受舒适的感觉，细嗅花朵的芬芳，欣赏树木的优美，做出善意的举动，表达对生命的尊重。我对父母的感激之情无法用言语表达，他们的教育为我的未来打下了坚实的基础。

年龄渐长，我选择了与大自然亲密接触的工作，而不是远离自然。我需要与他人保持一定的距离，这样才能从中获得生活的宝藏，我这么做绝不是为了逃离人迹。很快，我选择摄影师这个职业作为接触自然的媒介，当时的我很年轻，足迹踏遍世界各地去发现未知的土地，寻找美丽的照片。我抓住了机会实现自己心中的梦想，并没有着意规划自己的职业生涯，于是收获了生活赋予我的丰硕果实。这些丰富的经验满足了我对大自然的需要，是大自然让我认识自己，让我理解自己，让我意识到自己在世界中的位置。

我并非生来就是环保主义者，是后来逐渐变成今天的样子。我们中的每个人都走上自己的旅程，排除障碍，挣脱锁链，找到自己的方向。我们以胎儿的姿态降生，面对自己的肚脐，然后逐渐伸直身体望向远方。从这个时候开始，我们接收外界的信息，建立生命，赋予自己的生活。就我来说，有过感情迸发的经历，曾经欣赏各种美景，曾经与各种人结识，这一切带领我踏入现在的生活。我的生活遵循的是一条简单的路线，我认为自己始终如一，绝不允许自己在他人面前悲叹哀号。虽然政治让人难以高瞻远瞩，但人们不应该以此为借口忽视环保这种对未来至关重要的事业。在环保这片领域里，生活中的偶然让我拥有了他人可能不具备的素质。

首先，我站在人类与自然两者之间的路口，这种情况几乎独一无二，因为我没有把自己封闭在任何一个领域当中，我从精神与社会层面都没有把自己封闭在其中任何一方的孤岛上。我观察、旅行、收获，这种行为让我获得了对这个星球的整体看法，至少我的观察视角要比其他人宽广。

其次，由于不是任何一方的信徒，我努力用特别的方法辨认社会上的阻碍。我相信人类的能量，我不会向他人扔石子，我拒绝用简单的二分法观察生活。生活不像美国西部片那样简单地把人分成好人与坏人，我不喜欢对他人的诅咒，这种简单化观察世界的方法往往伴随着对责任的推卸。

最后，我相信优秀的品质是思考与决策的最佳补充。因为我们不能把环境保护问题推给科学家、推给环保专家、推给政治人物。环保是全社会的责任，不应该封闭在某个阶层，应该在人人平等的基础上广泛宣传。只有在工作中让周围的人对环境保护事业产生信心，这样才能让大家意识到环保的重要性。所以，在我的电视节目中，我绝不会从头到尾展示环境恶化造成的悲剧与混乱，如果那样的话就只有笃信环保理念的人才会追随我，其他人会早早地逃之夭夭。给本就可悲的现实涂上丑恶的颜色绝不能说服别人追求正义的事业，指责别人也不会让环保工作取得进步。对于人们来说，生活很艰辛，即使对于那些在生活中出人头地的人来说社会中的脆弱与不安也同样无处不在。在这个严酷的世界上，如果人类再不团结，而是彼此憎恶，只会添加更多的压抑与焦虑而不会带来任何益处。我相信直接打人一拳的方法不会奏效，应该采取更加巧妙柔和的策略，与别人讨论道德要比直接说教更有效。调动感情这种手法至关重要，要让电视观众感受到人类与自然之间的联系，美才是一种全球通用的语言，应该关注全球通用这个特点，因为环境问题涉及每一个人。我努力让每个观众提出这样的问题：为什么会存在如此美景？当观众感受到无法用言语形容的美，那么就取得了胜利。圣雄甘地的一句话把这种理念体现得淋漓尽致："自然是看得见的上帝花园。"

总之，由于自己接受的教育以及习惯使然，我喜欢倾听，最终逐渐得到了有价值的转变。对环保来说，约翰内斯堡峰会的召开当然并不够，这次会议可能并不会获得应有的结果，但是仍然具有相当的意义。如果我不为这次会议倾尽全力，那就是我自己的错误。明天，还有其他的战斗，需要我付出更多的力量。我充满信心地等待，我相信自己的选择清晰而正确，我不会附属任何组织，不会屈从任何人；我亲近一些人，远离另一些人，但是我绝不会进入某个党派。正如大作家雨果所说："给我良知指南？不必了，谢谢。"我坚持的信条：不论发生什么，不论要付出什么代价，自由地发表言论。

这需要勇气与公正。与别人相处中不希望回报，这才是真正少有的品格；当彼此欣赏、相互理解时，这种与他人相处的关系才真正拥有价值。

我重申自己"自由电子"的身份。我在没人想到的地方投入精力，在没人愿意付出努力的地方投身工作，除非我觉得没有用处或者觉得自己能力不足。二十五年的冒险生活赋予我智慧，最基本的智慧就是有自知之明。除非有时必须要加速推进事件的进行。勒内·沙尔（René Char）说过："那些来到世间不想做出任何改变的人不值得尊重与耐心。"

这其中很重要的一点是：绝不应该把环保的工作分包给别人。我坚持这个原则。我在基金会的框架下，与五六年级的小学生谈话传递环保知识，与专业渔民聊天看看可不可以改变捕捞方式，与农民、科学家、企业家、政治人物对话。我告诉他们没有人能解决全部的环保问题，但是每个人都有一小块行动的空间。我会在所有能够工作的地方进行宣传，只要看到有一扇门半开半掩，我就会努力钻进去。因为我深知虽然障碍无处不在，但是总能找到出口，有时还会发现一些意想不到的解决方法。可能有人不喜欢我的说辞，但我还是努力传播自己的想法，不必在相信环保主义的观众面前重复他们已经相信的观点，我更喜欢说服和我相距甚远、理念不同的人，比如，雅克·希拉克。我想把对环保一无所知、和我所在的世界完全不同的人带进来，这既是我工作的意义所在，也是真正的挑战。不必和认同自己的环保主义者待在一起，应该到处发布信息，引起质疑与争论，即使成功率并不高，但是我相信这样工作才能带来更丰硕的成果。

我的旅行箱从来没有收起来过，从二十一岁至今，我的足迹遍布世界各地。第一次旅行之后二十八年的今天，我通过观察得出如下结论：没有一个地方的情况得到改善，世界各地的环境质量均每况愈下。我每次旅行都会带回各种悲惨的照片，不断加深我的担忧。当下的情况触目惊心，污染波及全部人口三分之一，环境恶化无处不在，很容易发现，而且已经难以恢复原状。有些地方我在三年或者五年后重新游览，用肉眼就能发现环境的恶化。亚马孙流域生态系统毁坏，部分波利尼西亚珊瑚礁的珊瑚质量下降，珊瑚数量已经大不如前。韩国渔民洒下十四公里长的鱼钩，每米有一个鱼钩，几乎把大海里所有的生物捕捞得一干二净。捕捞方法非常简单：海水通过珊瑚礁，在涨潮落潮时，渔民捉住所有进进出出的海洋生物。在珊瑚礁上任意建筑，向海中倾倒垃圾，从没有人关心这些会造成什么结果。几年后，海洋上的人间天堂变成了巨型垃圾场。

在印度尼西亚，爪哇岛与苏门答腊岛之间，有一座名为喀拉喀托的小火山岛，岛上没有居民，小岛周围被洋流带来的垃圾环绕着。在地中海的大陆架，我坐在法国海洋开发研究院（IFREMER）的潜水艇中下潜到了4000米的深度，眼前呈现出一片恐怖的景象：消费社会的全部在我们眼前以垃圾的形态呈现，保存完好的矿泉水瓶上甚至可以清楚地看到商标、罐头瓶、饮料瓶、塑料袋……更为严重的是，由于此处缺少氧气，导致分解速度极慢。五年前，我们在墨西哥恰帕斯州（Chiapas）进行拍摄，在舒马拉河（Rio Chumala）地下水游泳，眼前的美景令我们目眩心驰，水完全透明，可以看到水中长长的钟乳石，数万年以前河水并没有侵入到地下岩洞之中。突然，在最深处，我们发现了有塑料瓶在水面上漂浮，这些瓶子漂流了几十公里还是数百公里才来到这个地方？无论如何，那些塑料瓶的的确确在这里。未来的考古学家可能在这里发现塑料瓶，我忍不住想象这种灾难性的画面。另一次在马达加斯加岛的旅行中，我看到了当地的生态灾难，森林遭到大规模砍伐，景色、土地、动物、植物，统统被毁于一旦。

在 20 世纪 80 年代末期，中国并不知道塑料为何物，可是几年之后塑料已经在中国的土地上大行其道。由于中国当时没有任何对塑料的处理措施，塑料几乎到了完全失控的状态，塑料制品随处可见，污染所有空间，阻塞各种管道。在孟加拉国首都达卡（Dacca）街头，塑料之多几乎难以让人迈步。在秘鲁城市利马（Lima），海上漂浮的垃圾一望无际，随着波浪起伏。

类似的例子我可以一直列举下去，人类证明着他们的强大力量，在发展的道路上扫清一切。大文豪雨果在一个半世纪前做的评论，其准确性至今都令人感到震撼："我们希望不断占有，结果我们自己都被占有了。"前文列举的一系列环境问题可能把我们引入歧途，我们看到的这些环境问题加起来都不及一个环境灾难，其他的环境问题只能算是冰山一角，人类的航船正全速向这座冰山撞去。

那个巨大的环境灾难就是气候变暖。不久以前人们还在讨论气候变暖的真实性问题，现在已经得到了广泛认可，气候变暖现象进入了关键阶段。2003 年 2 月我们向联合国政府间气候变化专门委员会（Groupe intergouvernemental sur l'évolution du climat）主席、来自印度的拉金德拉·帕乔里（Rajendra Pachauri）提问："有人对气候变化理论提出批评，您对此有何评论？"他给我们讲述了一个小笑话，如果不是情势如此严峻，我们可能会心一笑吧，笑话的内容如下："大约三百年前，一个叫作'地球平面'的公司成立，组建这家公司的人都不相信地球是圆的。这家公司至今存在，但是现在的员工不超过十几个。"

全球气候变暖的机理很清楚，温室效应是长时间以来维持地球气候平衡的自然现象，可是人类不停地向大气中排放气体，其中以二氧化碳和一氧化二氮为主，这些气体加剧了温室效应，今天的温室效应已经到了非常严重的地步。交通是温室气体的最大来源，农业排在第二位，温室气体的升温

064　效果非常明显。最近世界各国科学家进行了一项研究，刊登在 2004 年 1 月 8 日的《自然》（*Nature*）杂志上的研究结果揭示了气温升高的恶果：生物多样性会遭到破坏，在半个世纪后大约一百万种生物灭绝；人类的健康也会严重受损，世界卫生组织已经敲响了警钟，在 2000 年一年的时间里，因为温室气体排放致死的人数约十五万。气温平均升高 1℃～2℃后，各种疾病将向全球蔓延。

　　据我所知，因为牛群感染产生卡他性发热（une fièvre catarrhale），科西嘉岛①上的养殖户损失了数百头牛。在报刊上没有刊登任何相关报道，很可能因为这场疾病仅仅限于科西嘉岛，恰巧此时大陆上出现了口蹄疫，媒体无暇关注这条新闻。

　　这种疾病到达科西嘉岛的原因非常值得研究，这正是全球气候变暖的例证，同时也展示了气温升高的后果。携带这种病原体病毒的蚊子原来生活在非洲北部，由于温度升高，等温线北移，蚊子向意大利的萨丁岛（Sardaigne）迁移，然后来到了科西嘉岛。在某些特定地区的疾病随着气候变暖开始迁移，引起流行疾病，甚至引起流行病大规模爆发。

　　另外，干旱逐渐蔓延，沙漠化现象愈加严重，获得饮用

---

　　① 科西嘉岛为法国南方岛屿。

水的问题逐渐加剧，而且波及范围巨大。同时，温带地区的海平面上升，淹没海湾、港口，海滩遭受不可逆转的损害。在我们能够想象到的范围内，各种灾害频发，需要人类付出前所未有的努力才能应对。

接下来很可能出现的将是灾难性的后果，根据科学家的估计，关键的自然循环将会倒置，出现各种剧烈的变化。碳的天然储藏地，也就是说森林、海洋、永久冻土①会转而变成碳的释放源。由于大量森林遭到砍伐，所以植物吸收含碳气体的能力大幅度减弱，使得气温进一步升高。永久冻土冰冻了处于分解状态的有机物，防止了分解后的甲烷释放，但是在温度升高后冻土解冻，甲烷气体释放，让气温再度升高，气温升高后反过来让更多的永久冻土解冻，于是形成恶性循环。大自然的机制一旦触发，将导致巨大的改变，没有人能够预知后果。

当前，通过肉眼已经可以观察到气候变暖现象。美国杂志《科学》（Science）刊登了令人警醒的数字："阿拉斯加大学地球物理学院的一组研究人员在费尔班克斯（Fairbanks）证实，85%的冰川以令人担忧的速度融化，融化速度比迄今为止人们想象的要快得多，而且融化的速度从20世纪90年

---

① 永久冻土指的是极地地区永远处于冰冻状态的土地。

代初开始加倍。冰川融化体积相当于每年格陵兰岛北极冰盖的增长体积。其中尤其值得注意的有两个：威廉王子湾的哥伦比亚冰川、圣爱利亚斯山的白令冰川，两者都以令人担忧的速度融化，哥伦比亚冰川每年融化八米，白令冰川每年融化三米。"

专家们估计，气候变化首先将出现极端天气，夏天越来越热，暴雨越来越强，龙卷风越来越猛烈。然后会出现连锁反应，产生一些难以估量的后果，这些后果极其严重，严重到威胁人类在地球上是否还能存活的程度。

当我们意识到这种极端变化出现的时候，正确的做法应该是积极应对，未雨绸缪，尽管不论我们如何反应，这些变化都会出现。然而人类并没有做出反应，面对灾难我们如同看客一样消极等待。有时我们向前迈出一步，然后立刻后退两步。其实需要达成的目标非常简单：尊重自然储存温室气体的能力，重新平衡大气成分，为了达到这个目标，必须把排放的气体总量减少到原来的四分之一。可是人类甚至根本没有考虑这个解决方法。《京都议定书》准备把温室气体排放水平降低到 1990 年的水平，这个标准实际上仅仅涉及了问题的 5%。即便如此，目标似乎仍然过分远大，因为议定书很可能变成一纸空文。诚然，共有一百五十个国家在《京都议定书》上签字，可是美国并没有通过该议定书，俄罗斯也依样画葫芦，导致文件中的种种措施失去效力。在这种条件下，口是心非的欧洲各国政府开始质疑本国采取的环保措施是否值得，担心这些措施损害自己的竞争力……各国采取的环保预防措施少得可怜，时间拖得越长，后果越难以挽回，终有一日人类将无力回天，自食苦果。那时会发生什么呢？不必为大自然担心，如果人类不作为，地球自己会处理的。一旦自然的调整机制启动，人类将大祸临头。

我现在的心情既担忧又焦急，为不远的将来担心，为眼前的目标焦急。因为未来的进步必定非同凡响，眼下的危机也是历史机遇，人类可以借此抛弃导致社会撕裂的意识形态纷争。环境保护提供了一个千载难逢的机会，人类应该团结起来，集中各种思想体系的精华，放弃引领人类进入死路的僵化思想，共同解决环境问题。因为所有人都发现，不论是自由主义还是集体主义，旧的思想体系已经走到了极限。今天，人类还没有创造出第三类思想体系用以组建一个新型社会，人类应该紧紧抓住这次机遇。

历史上第一次，人类要面对的恐怖敌人不是别人，正是我们自己。几百年来，人类承受的苦难都来自外界：神、命运、对面的敌人……今天，人类的敌人就是人类自己，人类一方面是灾难的制造者，另一方面是灾难的受害者。我们应该承担起第三类角色，成为自己的拯救者。

要达成这个目的，人类必须收起所谓的自尊，人类的自尊已经遭受过几次打击。弗洛伊德在书中写到人类的自恋情节受过三次伤害：第一次是哥白尼，他告诉人类不是宇宙的中心；第二次是达尔文，他告诉人类没有来自造物主得天独厚的青睐；第三次是弗洛伊德自己，他揭示了人类的很多行为都受自身的冲动控制。现在是时候对人类的自恋情结进行第四次攻击了，让人类理解自己才是人类最强大的敌人。这个发现让人不悦，甚至无法忍受，我们信仰的一切似乎失去了意义。转眼间我们笃信的大量科学成果不能拯救自己，突然间成为导致人类失败的原因。人类急需签订的不是社会协议，而是人类之间面对自然的协议，这是人类集体重塑的紧急行动，这样才能避免自我毁灭。我们应该选择自己的命运：是重生还是灭亡？人类在灾难来临之际有可能出现质变意义上的飞越。

要对一切行动做个总结吗？有时我心中总会闪过一丝怀疑，觉得自己好像堂吉诃德挑战风车一样可笑。我也愿意每天甜美地酣睡，好好享受与妻子、孩子在一起的家庭时光，享受这小小世界的舒适生活。我知道，自己有时真的不想再继续下去了，也希望自私地说："我死之后，哪管洪水滔天。"

但是这种想法并没有持续很久，我不会被进展缓慢的环保工作击败，更不会让伤心、失望、无助占据我的心灵，我绝不放弃。展开报纸、打开广播，有的新闻让我愤怒，有的讲话给我希望，一些人的无知让我难过。我再度拿起笔，大声疾呼，努力说服与我谈话的人。环保工作如此紧迫，我和朋友们为此继续奋斗。

至少，这场与环境灾难的赛跑有一个优点：让我没有任何其他想法，集中精力，抛弃无用的矜持与担忧。只要看到一个讲台、一个可用的空间，我就会充分利用宣传环保理念。

现在的时间既不应该用于提问，也不应该用于总结，现在我们应该立即改变航向。

【非洲站】

回顾自己曾经的脚步，起初我还是个二十岁青年的时候，在往来于约翰内斯堡的旅行当中，非洲的壮美令我惊叹不已。

非洲是我的第二故乡，是我性格特点的一部分。

要理解我走过的路程，首先要理解非洲迷人的野性美。我记得第一次与来自罗德西亚的朋友乘坐独木舟徜徉在赞比西河（Zambèze）上的场景，多么壮美的野性世界啊！几个星期的时间乘船顺流而下，在河边扎营，我们没有携带武器，这点非常重要。我们拒绝携带武器，并不是为了吹牛炫耀，而是为了融入自然，不与自然进行力量的对比。尽管如此，当我在睡袋中时，一群六十多头大象组成的象群经过时，我感到陡然心率加快！在河里泛舟时，看到一群河马从水中起身，它们完全有能力轻松地把小舟掀到几米的高空……

　　尽管如此，最初几天的担忧逐渐消失了，我慢慢感受到大自然的宁静，虽然保持警惕，但从未担心。我觉得自己周围的朋友拥有一种远古而来的智慧，我只有用心与精神去体会、去学习。在这些朋友中间，我感到深深的谦卑，他们似乎能够通过本能了解很多东西，无须额外努力即可知道怎样与自然保持适当的距离：足够接近，能够融入自然之中；足够遥远，对自然表示敬意而没有恐惧。这些都在静谧与平和中发生。他们目光中的信心是我最好的向导。

　　我全心全意地投入这次旅行，没有其他方法，在这里没有耐心是不行的。一天，一位非洲人对我说："你们西方人有计时装置，却从来没有时间。"在非洲，外来者必须保持谦虚谨慎，这样才能赢得自己的位置，谦逊在这里比在其他地方更重要，因为骄傲自大会招致死亡，野性的自然绝不会给你第二次机会。学会在什么地方可以露营——因为在其他生物的领地上露营会招致危险——学会观察、倾听、理解。比如，面对成群野牛的时候，我们可以使用策略全身而退；而单独的野牛非常危险，因为它心中充满恐惧。只要我们学会必要的知识，一切皆有可能，比如我们敢于用击掌的方法赶走入侵者，入侵者会离开，因为大自然中存在所有生物都遵守的法则。进入大象的领地等于冒险，让大象进入你的领地是另一种危险。让进入自己领地的大象群知道它们处在别人的领地上，这样才能保证你生活的平静。

什么都不能代替这个学习的过程，进入人们所谓的蛮荒世界，人类必须把自大、骄傲抛在脑后，投入宏大的自然怀抱之中。否则，人类只能离开。当然，人类有能力凭借武器用暴力闯入野生世界，但是我觉得这是一种令人鄙视的行为。用武力在动物面前耀武扬威和通过毁掉他人爬向社会高层属于相同的行为，这种人不知道如何展示自己的价值。我从小长大的环境中完全没有这种思维方式，对我来说尊重他人、热爱生命二者不可分割。动物不是靶子也不是物体，它们是美丽的生物，它们的美通过外形、颜色、动作、天性、行为展现出来。狮子在捕猎野牛时表现出美感，因为狮子是伟大的狩猎者，自然规律与动物之美只在它们彼此之间才存在真正的意义。

我当时是否完全意识到自己身上发生了什么变化？很难说。我在非洲并不仅仅是在河边美丽的星空下睡觉，更重要的是深入不可驯服的大自然当中。河流既是滋养生命的母亲又是经过的路途，在灌木丛中生活的动物依靠河流生活，在河流中生活的动物有时也会走出来，在河流与河岸之间来来往往，逃避浅薄的目光。眼睛的任务是观察，它在河流经过的地方参悟自然的秘密、符号、标记、小径。通过脚印可以推测大象经过了河边，不过脚印并不新鲜，那么我们可以在这里休息。我们听到了狮子的吼叫，不过狮子正在远方狩猎，没有问题，我们可以在这里享受时光，静静观察。这里的条件算不上奢华，但是拥有一切必要的东西。应该不停地做出细微而重要的决定，找到我们的位置，不打乱自然秩序，避免与其他生物对峙，同时要保持警醒，准备各种突发事件发生的可能。

晚上，我们轮流守夜。注意！即使不小心留在外边的一个橙子都可能引来大象，大象非常喜欢橙子。如果营地安置在大象领地之外，那么大象就不会来，我们就可以安静地休息。那时在河边我开始理解领地、生态位、自然平衡、资源分配的概念，以及宽容对待并且接受不同的事物。生物多样性是我知道的最美的诗篇，所有生物彼此平等、必不可少，因为所有生物相互补充。这里是生活中最好的学校。我们所谓文明社会中的方方面面正一起走向均质化、平等化，我对多样性的热爱正是来自非洲。

只有一次我接受携带步枪出行，那是在北极的旅行。原因很简单，面对闯入营地饥饿的北极熊，我们只能用武器保住性命。幸运的是我们并没有用到武器，那次旅行中如果我们开了枪，我会立刻结束行程，因为那样的旅行已经与自然脱离了关系，在北极旅行的代价将过于昂贵。如果开了枪，我们的骄傲会导致自然秩序的改变，人类与动物之间的壁垒将瞬间出现，那旅行又有什么意义呢？这就是我的道德观，三十年来始终未变。来自文明社会的生命已经思维固化，无法改变自己对纯洁大自然的看法。

我的拍摄团队常常说我无所不见，其实这种能力来自我最初的非洲之行。非洲是一片充满感情的土地，向人类敞开怀抱。我的全部感官在那里始终警醒，接收各种信息。从此之后，周围的一切都对我存在意义，最微小的画面都会在我心头留下印记。有人说感情是意识的大门，我由衷认为这种说法千真万确，我那时如饥似渴地吸收外部的世界。

在发现了自然之美的同时，我很早就理解了脆弱、短暂、失去这些概念，在前文我提到了自己年轻的时候痛失父亲与兄弟的经历，我知道没有任何事物永恒不变。所以今天我全身心投入工作，保护那些尚存之物。这是一场永远不能胜利的战斗吗？我不相信。恰恰相反，我觉得这份事业让我产生新的力量，提高了我的极限，实现了自我。以前我曾写道："这种富有诗意的挑战充满着感情。"在我看来，"挑战"一词不包含任何自大、虚荣的意味，"战斗"一词更没有类似的含义。我对统治并不感兴趣，吸引我的东西正好相反。我绝不会与他人较量，真正的战斗是挑战自我，其中包括战胜心中的不理智与恐惧，把对外界现象的理解纳入相应的阶段。所以飞行也是一种挑战，看到天空的感觉充满诗意。我喜欢言语的碰撞，我参与的各种活动远远超过活动设计者最初赋予的意义，通过这些活动我在理解生命。我参与过的活动有：乘坐轻型飞机飞越极地、陪伴灰鹤、与儿童谈论他们日常生活的压力、登山、为我的基金会撰写幽默短文等等。我用尽心力完成这些任务，保持我的情感完好，这些活动中既有挑战又有诗意。正如亲爱的作家雨果引用圣·巴纳贝的箴言一样："保持心灵单纯，精神富足。"

希望我们成为拥有丰富知识的贤人、充满仁爱之心的智者……完成美丽而宏大的方案，永远迎接充满诗意的挑战。

第四章
宿命论与需求论

不论政治上是左派还是右派，只要有人想见我，我一概欣然接受，我向来不苟同拉帮结派的行为。但是，我拒绝和极右派产生任何接触，因为我创立的基金会为了保护环境与人类而奋斗，所以不愿意与满口仇恨和蔑视的人为伍。

我不在乎这些会面背后可能隐藏的各种利益，我对机会主义不感兴趣。况且，我有什么权力评判哪些人是机会主义者，哪些人是真正的大公无私呢？谁能够评定其他人的品质呢？这些机会主义者如果能够借此理解到问题所在而改变自己的行为，那么我只会大声欢呼。我的角色不是给他人的品德打分数，而是要在人们坚信的事实面前打开出口。我要做的是人们改变对事物的看法，让理性更加进步。人们彼此没有进行有效的沟通，我的角色就是思想与人类之间的摆渡人。我的任务是集中力量，建立桥梁，而不是加深鸿沟，更不是竖立屏障。为此，要做的是在系统内部战斗，而不是从外部让系统分崩离析。从这个观点看来，我十分欣赏特洛伊木马[①]的想法。

我赞同平衡理论，在我看来，所有过分的事物或者微不足道，或者会带来灾难。所以我对社会的看法与我对自然的看法相同，社会是有机整体，我们每个人都合理合法地拥有各自的角色，我反对善恶二元论的看法，不同意让一类组成部分去对抗另一类组成部分。当一类组成部分过分强大时，平衡被打破。有人将其称为社会秩序，我讨厌这种说法，因为我观察到的是一种贫瘠的静态，而平衡一词本身还含有运动、寻找、不确定的意思。请不要误会我，我不是好好先生。我说的平衡不是委曲求全，不是投降退让，不是耻辱的放弃。我觉得平衡是寻求所有人的利益，让集体权利得到最佳保证。

真理往往存在于让社会分裂的问题当中，这是一些极端的绿党人士不愿意承认的观点。比如，因为公路运输导致污染，所以从明天开始立刻停止公路运输，看起来很合理，但实际上不可能实现。我们应该知道的是不要浪费时间要求不可能做到的事情。但是，凭借耐心、思考、新的解决方法，

[①] 在古希腊传说中，希腊军队围困特洛伊城时佯装撤退，留下内部隐藏着伏兵的巨大木马，特洛伊城守军把木马作为战利品运入城中。木马里的伏兵趁夜深人静之时打开城门，希腊军队里应外合攻陷特洛伊城。

解决这样重大的问题并非完全不可能。加上一点智慧，时间能够解决生硬的原则无能为力之事。

因为我们所在的时代存在特殊的矛盾：这个年代做任何事情都讲究迅捷快速，可是人们又不喜欢这种行事方法。实际上我们每个人都需要感觉到自己的所作所为的确有效果，而不是劳而无功，每个人心里都有一个解码器，分得清主要元素与次要元素。但是首先还要把解码器插到电源上才行！所以我们觉得一些景象很愚蠢，比如一位部长喂老年人喝水，另一位部长穿着胶皮靴子在被石油污染的黑色海滩上前行。我们清楚这种危急时刻通过媒体表态的镜头并不重要，除了起到媒体宣传效果之外别无他用。虽然我们知道这一点，但是仍然没有关掉电视。

我们应该把选择进行到底，考虑一下未来的情况。比如，想想在若干年后，需要付出何种代价来换取我们共同建设的城市，那座城市的面貌如何。我敢肯定，这么想想之后就会感到热情高涨、力量倍增。如何进行灾难处理，面对危机临时回答问题的情况越来越多，那么这些回答能否激起人的热情呢？人类自己的疯狂会把我们带到怎样的荒唐境地呢？比如，有谁了解这样一个事实：处理巴黎第七大学朱西厄（Jussieu）校区建筑的石棉的花费，相当于法国环保部一年的预算。由于人类短视、缺乏长远规划，我们再次径直冲向深渊。即使这种行为算不上悲剧，但是至少看起来非常荒唐。

这就是弗洛伊德所谓的死亡冲动，令人震惊的是这种冲动并不是指向他人，而是指向自己，这种力量促使人类走向毁灭。在成为空谈之前，我们往往把这种力量用在自己身上。所以进步本身就为自己做出了宣判，这是最荒谬的方式：进步这一概念吞噬了一切生命的形式，以至于它最终吞噬了自己。

在 20 世纪，人类获得了伟大功绩，很多人觉得实现了普罗米修斯的梦想：世界人口是原来的三倍，经济总量是原来的二十倍，化石能源的消耗量是原来的三十倍，工业产量是原来的五十倍，这些增长的四分之三都是在 1950 年后实现的。

如此骄人的成绩不容否定，现代文明很适合满足市场的需要，但是现在要做的是重新设定目标：现在的问题不是生产得更多，而是生产得更好。为此，我们应该向生产行业发出明确的信息，设定精确的目标，同时人类既应该认识到自己的不足，又应该小心不要骄傲自大。谨慎与谦虚是人类最佳的防护装置。

获得一些另外的品质，这项人类在 21 世纪需要完成的任务非常重要：它意味着为进步赋予意义，不断地重新定义其意义，搞清楚进步究竟意味着什么。

头等大事是彻底改变思考方式。正如我无数次在口头上、书面中提到的那样，人类需要把几个世纪养成的骄傲自大的态度转变成谦虚谨慎。透彻理解处处以数量为先的时代已经过去，当今是以质量进步为重的时代。当下人们所谓的很多进步无非是镜花水月，因为这些进步会带来非常严重的副作用。人类现在应该关心的是：国家怎样决策、公众如何选择才能让人类的境遇更好？这些决策与选择会不会让人类更加幸福？人们现在已经不再考虑这些最根本的问题了，但是我们在不远的将来却要在这些问题的基础上发展经济。

不要继续尊崇极度的个人主义，应该把我们与自己、与他人共同的价值放在中心位置，建设真正的团结，关心其他人的命运，寻找平衡权力的力量，让我们的社会更加人性化、更加公平。绝不能接受平均每分钟世界上有十五个人因饥饿致死的情况。采取必要的、有勇气的行动，由衷地尊重大自然，这样我们终将明白人类的命运就是团结。

我们还需要把团结精神延续到未来，我们与未来的几代人密切相关，接受我们必须面对子孙后代的重大责任吧，我们的行为会影响后世，不要因为人类的自大让后代失望。我们不能留下一个烂摊子让后代去找到解决方法，比如今天丢弃核废料的行为。人类绝不应该采取"我死之后，哪管洪水滔天"这种玩世不恭的态度。

所以，正如保罗·瓦莱里（Paul Valéry）[1] 所说，人类应该采纳更加合理、更加适应社会的科学技术。人类不要以为自

---

[1] 保罗·瓦莱里（1871—1945），法国作家、诗人、哲学家。

己是世界的主人，应该从狂妄自大的梦中醒来，因为单纯从生产角度来看，人类已经展示了自己可以无所不为——更多生产，更多消费，更多杀戮。人类甚至"实现"了走进前所未见的死胡同，把自己封闭在其中。我们是否足够理智，是否有足够的勇气从里面走出来呢？

这就是我所从事的职业的信念所在，我心中的愤怒与希望胶着相伴。

人类应该问自己一些有意义的问题，比如，为什么总是生产越来越大型的飞机？因为我们知道怎样生产。可是这种飞机对人类来说真的必不可少吗？有这种飞机我们就能生活得更好吗？生态环境会因此更好吗？用一种更加激进的方式提问就是，更频繁地出行、出行价格更低能够让我们更幸福吗？难道不应该学会发现我们身边的美吗？由于眼睛过分接触周围的美，以至于我们视而不见了吗？异域风情或许就在街对面，而不是在地球对面？我注意到世界各地的居民都会外出旅行，很多外国人来到我们居住的城市、我们身边的地方欣赏美景，而这些地方我们却很少涉足。在新的世纪里我们不但应该自问这些问题，而且还要问千千万万的其他问题。

我们应该为这些问题找到答案，找到可持续发展的方法，不要继续大量消耗能源的方法，不要继续消耗不可再生的自然资源，不要制造大量垃圾导致各种环保费用。发明新标准，在延长消费品的使用时间上下功夫，不要只做些表面文章。

这些只是幻想吗？我不这么认为，但这种改变需要人们观念的彻底更新。

我们很难相信会有新的标准刺激想象力，但其实科学始终具备这种创造的品质，甚至科学本身就以创造为基础，所以科学不会因为标准的改变而发生变化。当然，如果说我们是 20 世纪留下的孤儿，前方的景象的确不容乐观。在新的世纪里我们能够做些什么呢？人类已经准备好科学、技术、哲学、经济等各种领域的工具。过去各种各样的严重错误让人类更加清楚地认清了历史，人类如同仅有一只脚在马镫里的骑手，努力控制缰绳，似乎能够驾驭前进的方向，但实际上已经难以控制狂奔的马匹。进步这匹骏马正在全速前进，我们必须重新抓住缰绳，防止信马由缰的情况出现。换句话说，不要让各种科技与产业决定前进的道路，因为进步已经失去了意义，连存在本身都丧失了意义，自私成了唯一正确的行为。目前，生活的意义混乱不堪，需要我们重新建设。只有重拾生活的意义，人类才能够继续前行。

有一次，我应邀出席法国企业联盟（MEDEF）[①] 的研讨会，我也做了类似的演讲。当时的与会者非常专注，会场气氛有些沉闷，我已经习惯了这种会面。起初人们充满好奇，

---

① 法国企业联盟是 1998 年成立的法国雇主工会性质的组织，在政府、工人工会面前代表法国企业家的利益。

把我看成一个上台表演的明星，不时有人说"我的孩子非常喜欢你"之类的话。然后我开始正式演讲，随着讲话的进行，听众中有些人拉长了脸，脸上的微笑开始僵硬。我从来不预先准备讲稿，因为我会根据会场的实际情况和听众的反应决定演讲的方向。那天的演讲一定让听众不悦了，我却对这种效果颇为满意。讲话中，我强调不应该由大企业家为社会做出选择，应该由社会指导方向，企业要做的是听从。企业家应该在子孙后代面前展示自己的适应能力，听众专注地听着我讲话，结束后有些企业家走到我身边表示赞同我的想法，认为可持续发展的理念是积极的。尽管如此，我并没有飘飘然起来，我知道听众中有人不赞同我的理念，但至少我的讲话让他们开始反思这些问题。

不然我又能怎么办呢？有很多人骄傲自负，觉得别人的聪明才智远不如自己。企业界要让那些对各种严重浪费现象感到满意、疯狂追求"永远更多"的人宣判人类的命运吗？我觉得，在企业界很多人不会对取得的成功沾沾自喜，他们反而会列下清单统计失败的情况。每次当我看到明明存在解决方法，可是人类就是不用的时候，我都会气得发疯，我相信发现这种情况的绝不会仅有我一个人。

合理发展的关键可能只有一点：清楚了解必然与宿命的区别。一方面，是人类存在的必要需求：我们需要进食、出行、取暖、照明等等，要生存当然要这么做，这是需求论。

到目前为止，人类将为以上的活动付出代价，至少目前还没有找到其他更好的替代方法。

与需求论并存的还有宿命论，所谓宿命论指的是认为不可能用其他方法替代的思维逻辑，即为了达到相同的结果，不可能更加经济，无法更好地管理，不能减少破坏，无法降低浪费。这种从根本上极端保守的观点可以简单地概括为两三种表达方式，比如，我们始终这么做的，没有其他办法；或者，使用其他方法的代价太过高昂。

在乐观主义者称为"幼稚"、悲观主义者称为"恶意"的问题核心中，我发现了人类错误的方法。的确，人类要食用肉类的话需要屠宰动物，但是我们难道不能更有效率地进食吗？具体来说，可不可以吃肉的量少一点，吃的肉质量更高一点？从经济上看来这么做的结果不会导致任何经济灾难，甚至和原来相比不会有丝毫改变：肉的产量降低但质量提高，所以价格更贵。有人从中丧失利益了吗？生产者、消费者、大自然都没有丧失任何利益。举另外一个需求论的例子：人类需要能源。但是宿命论者认为，只能使用核电[①]，没有别的方法。我们除了这种方法难道就真的不能探索其他更好的方法了吗？再比如，需求论的观点是，我们需要纸张，所以我

---

① 法国是核电生产大国，其产出电量的 70% ~ 80% 来自核电。

们要砍伐森林。宿命论的观点是，我们不能通过其他方法来造纸，否则价格太昂贵了。如果森林全部被砍伐，是否计算过人类会付出什么样的代价吗？在加拿大的一些地方，我发现在树木砍伐过程中，90%的情况都是把指定区域的树木全部砍倒。在热带地区，有时为了寻找三四种珍奇的树木，人类不惜破坏整片植被，把这一片区域的树木统统砍倒。谁敢说这种砍伐方法是出于必要呢？明天人类付出的代价，难道不比今天获得的经济利益高昂得多吗？

需求论的观点是，我们要捕鱼吃。宿命论的观点是，生物开始灭绝，没法子，不是还剩了不少生物嘛……远洋拖网渔船仍然把捕获的50%海产品扔回海中，因为网眼太密，所以捕捞得海产品个头太小。这些渔船老板是多么盲目无知啊，难道不知道这样做会贻害子孙后代吗？需求论的观点是，植物需要水才能生长，所以农业耗费水。宿命论的观点是，灌溉用的水龙头应该在整个夏天大水漫灌。而事实上，大水漫灌耗费的水，只有其中一小部分真正为植物所利用。

我相信科学能够在各行各业中找到令所有人满意的解决办法，目前成功的例子仍然不多。1999年，标致汽车集团（PSA）推出一款为柴油发动机设计的微粒滤网，在2000年投入市场。科研投入达到6100万欧元，装备了这款滤网的汽车污染情况大幅减轻。

人类可以凭借基础科学研究走出宿命论的阴影，实践科学研究可以由企业主导，因为企业能够指出实践科学研究的目标。要知道，当今世界的极端自由主义与集体主义的情况同样糟糕，现在迫切需要在各个层面上科研工作自由发展，设计出环保与经济兼顾的新型社会。我们面对的是一对悲剧性矛盾：对经济有利的消息通常对环境不利。人类需要找到解决这个问题的答案。怎样才能既促进经济增长，又不大量消耗能源和自然资源呢？如果我不理性地大力宣扬应该让经济萎靡不振，借此降低能源消耗，恐怕得到的结果仍然是死路一条。为了可持续发展的目标得以实现，我们要付出代价，应该在今天必须完成的各项任务与明天必要的工作之间找到平衡，切实采取措施为子孙后代造福。

人类需要采纳能够符合上述标准的决策，其他的决策可以弃置不用。每个人都能看到革新的规模，这种程度的投入会让我们从政治层面走向伦理层面。当然，这些改变应该激起人们的热情，因为这是人类的选择而不是无法逃脱的宿命。

人类应该把"选择"这一概念放在思考问题的核心位置，达尔文对此的解释淋漓尽致：一个没有任何选择而只是适应自然的物种必然消失。讨论能源、运输、农业等各领域的问题时，有人会表示我们别无选择，只有唯一的解决方法，这样的话让我顿时警觉起来，心中不禁亮起红灯，这种推论方法似乎存在问题。这么说话是想对我兜售什么？这是哪家游说公司的手法？是谁按下了制动按钮阻止人们思考？勃朗峰

086 火灾事件①的时候，专家提出了几种解决方案，政府似乎在这几种救援方法间有所犹豫，后来向公众解释没有其他选择，当时实施的方案是唯一可行的方案。而后政府并没有从事故中吸取教训，再次开通原来的隧道，尽管在隧道中加强了安全措施，但是并没有从起因上着手，没有从根本上预防此类事件的再次发生。

此类决定责任重大，可能引起严重的后果。政府不断向公众强调只有自己选择的解决方法可行，没有其他办法，导致公众逐渐觉得各种问题事不关己。一些机构或个人出自善意提出解决方案，但是政府的反应挫伤了他们的积极性。一些专家所做的报告、研究、工作都似乎在之前就预先已得出结论，有些名言似乎就是对这种情况的回应。蒙田（Montaigne）②提出过一个可怕的理论："政府需要让人们对很多事实保持无知，同时需要人们相信很多虚假的信息。"这条理论难道成为统治的常态了吗？小心，如果真的是这样的话，人民一旦觉醒，所有人的处境都将极其艰难。我认为，现在越来越多的人不愿意去投票选举就是人们越来越冷漠的

---

① 1999 年 3 月 24 日至 26 日，一台比利时冷冻拖挂车在勃朗峰隧道内起火，大火导致 39 人死亡，隧道从此封闭了三年。

② 蒙田（1533—1592），法国文艺复兴时期著名的哲学家和思想家。

表现。

无论从实际出发还是从伦理出发，我们都要相信一定存在各种各样的解决方案。行动之前，结果是个未知数，只有我们才能定义自己的价值，而未来正建立在这种价值之上。人类不需要为此投入大规模的精神建设，那种建设的结果往往过于宏大，既不可理解又无法实现。一些解决方法发出的光芒比另一些更加明亮，这已经足以照亮人类前进的方向。比如，圣雄甘地说过这样两句话："世界足以满足每个人的需要，但是不能满足所有人的贪婪"；"简单地生活，让他人也能够生活"。

这两句话足以概括环境保护与可持续发展的基本原则。

在 2001 年市政选举活动中，两轮选举之间，阿尔莱特·沙博（Arlette Chabot）① 邀请我参加两名候选人洛朗·法比尤斯（Laurent Fabius）、菲利普·杜斯特－布拉奇（Philippe Douste-Blazy）的电视辩论会。我听着两人你来我往的辩论，他们言辞精彩，气氛和谐，配合默契，每个人都在自己的角色当中，摆出各种数据如同打乒乓球一样回复往来，有时声音严厉，有时俯就微笑……他们的表现在几十年来的政坛上屡见不鲜。后来，我的发言让气氛降到了冰点，我对两名候

---

① 阿尔莱特·沙博（1951—），法国著名记者、政治评论员。

选人说："我听到你们的辩论，理解各位要解决的问题非常复杂。可是到了两位脚下的地球要分崩离析的那一天，各位要解决的问题规模要更加庞大。两位对环境问题的无知让人吃惊，但这不是你们的错。由于政治结构、选举的压力，加上面对的各种紧急问题，你们必然在环境问题上短视。"

演播厅里出现了异乎寻常的安静，辩论主持人连忙补上几句场面话把尴尬掩饰过去。

电视节目结束之后，曾经出任总理的法比尤斯走到我身边和我聊了几句，我感到他对环保话题很感兴趣。一两个月后，我收到了法比尤斯助理的信息，邀请我见面。会谈持续了一个半小时，法比尤斯很认真地听着，希望能够理解关键所在。我原本没有想到法比尤斯很愿意倾听，没想到他希望理解环保问题的症结所在。可能我的谈话让他想起了自己职业生涯的硕果，以及对血液污染事件的深层思考。他承诺不久后在贝桑松（Besançon）举行的社会党大会上，环境保护将成为重点讨论的议题之一。

抛开权力问题不说，希拉克、法比尤斯、戈尔巴乔夫（Gorbachev），他们都是能够花时间倾听、愿意认真思考环保问题的。顺便说一下，这确认了前文的分析：并非由于能力原因，而是政治人物的工作内容与工作强度使得他们无法抽离，无法与环保事件保持客观公正的距离。

一次，法国共产党派出一位议员与我见面，我想他是一位参议员吧。我们在一间巴黎的酒吧会面，这位参议员非常专注，充满善意。几分钟之后，他向我讲述了在自己的党派中遇到的困难，以及对环保问题的思考。

议员们整天陷于和对手争斗的事务当中，他们的态度让人惊愕不已。在公众的印象中，国民议会会场里的人民选举的代表在进行理性的辩论，可实际上他们的较量如同拾荒者打架，跟操场上学童的争斗一样可笑。更严重的是，辩论的内容中环境保护议题少之又少，要讨论的法案中的环保法案屈指可数。比如，在部长仲裁过程里已经修正的能源法案与垃圾处理的法案，大多数情况下在议会讨论中又被改得面目全非。总理内阁新主任米歇尔·布瓦永（Michel Boyon）在私下里承认：环保法案无法在层层筛选下顺利出台。

真实的情况更加糟糕。2004 年初，国民议会经济商贸委员会投票通过几条法律修正案，目的是"帮助狩猎行动"，其中一项政策是降低狩猎相关企业需要上交的税款——不可思议，狩猎游说集团和大型企业竟然在税收方面得到了一份大礼！

当有关环境的宪章提交到参众两院讨论时，我已经准备好一场大战了。尽管议员们表现得慷慨大方，重申了总统在约翰内斯堡的大部分讲话，但宪章第 5 条在议员中引起了很大的恐慌，很多人担心这一条可能导致工业系统瘫痪，于是把该条款的内容缩减到近乎乌有，那么第 5 条究竟是什么内容呢？请看："在当前科技知识水平不能确定，但可能导致严重的、不可恢复的环境后果的情况下，出于谨慎原则，政府应该采取临时措施或者相应措施避免出现恶劣后果，同时衡量风险等级。"每个人都能感觉到这条内容已经非常谨慎，并且已经进行过修订以符合议会的要求，但是议员们仍然感到危险。

大多数右派议员和异常强大的工业游说集团眉目传情，虽然总统希望在环保领域做出改变，但是出现的各种障碍难以逾越，人们的惯性、对改革畏首畏尾的情绪占据上风，只要看看年轻议员娜塔莉·科修斯柯－莫里塞（Nathalie Kosciusko-Morizet）的遭遇就一目了然。娜塔莉·科修斯柯－莫里塞毕业于巴黎综合理工学院，是我发现的唯一一名对环保响应积极的专家，她竭尽全力试图在环保政策方面取得进展。她在她自己的党派——人民运动联盟（UMP）中被孤立，她表示应该设立环保国务卿这一职位，而党派中其他议员表现出无所谓的态度。我曾经批评接连数届环保部长在环境保护方面畏缩不前的做事方法，但需要承认的是，他们有时得不到自己党派的支持，实际操作面临重重阻力。法国总统表现出了环保的决心，在部长和议员面前寻求支持，但实际结果却截然相反。议员们、参众两院表示选民的担忧——这种担忧尤其明显地体现在狩猎行业中，而且议员本应该向公众解释环保政策，但这方面的工作几乎为零。如果公民选举的议员不愿意处理超出自己任期之外的事务，那么公民怎样才能做好未来的工作呢？

最近的一次调查显示为什么议员们对环境问题如此漠不关心：议员对环保问题的了解程度和普通民众持平，也就是说他们的了解程度非常粗浅；而他们当中只有15%～30%愿意对环保问题采取行动，该比例比普通民众的还要低。

但是，国会还是同意与我见面，很可能是迫于总统与公众舆论方面的压力，当然，事实证明这样的会面无法取得真正的成果。议员们参加报告会，寥寥提出几个问题，往往是很简单的，比如："应该怎么应对呢？"其实他们如果有真心行动的愿望，简单的问题依然能够产生巨大的作用。但是在国会中，没有出现任何环保立法，没有组织任何一次相关的讨论或者交流，议员们满足于走走过场。

尽管如此，我需要再次强调，我不会煽动群众把所有的罪责都推给政治。举一个例子，在我的基金会长期担任理事长的米歇尔·罗卡尔（Michel Rocard）曾任国家总理的职务，他了解应该怎样行事，让法国和欧盟各国重新签署本来已经失效的南极保护协议。再举另一个例子，洛朗·法比尤斯（Laurent Fabius）一段时间以来始终东奔西走，从他自己所在的党派开始着手宣传环保理念，逐渐走向公众宣传。

我遇到过各种各样的听众：有的感兴趣，有的很认真，有的仅仅保持礼貌而已，还有的真的非常让人难以忍受。一段时间以前，报刊俱乐部邀请我去做演讲，在大厅里有衣着得体的听众，包括事务所主任、议员等。演讲者的位置并非与听众面对面，我站在中心，向各位听众阐述，听众们一边品尝美食一边听我的演讲。第一感觉就很不舒服，大厅中播放的背景音乐给人感觉好像在机场的候机大厅或者高级餐馆的饭厅。我没有表现出不满，按照规定开始了演讲。一位听众用略带嘲笑的口吻提问："照您的说法，我们不是要回到石器时代了……"（问题的具体细节记不清楚了，或者是回到煤油灯时代之类的幽默），我强忍住没有用跃入脑海中的尖刻话语严词反击。

对话很快转移到农业话题。我对用大水浇灌的灌溉方式表达了保留意见，这时一位奥布省的参议员表示大水浇灌的水龙头消耗的水不比滴水灌溉消耗的水多。我保持礼貌，没有作声，他继续列举甜菜种植的益处，表示甜菜地简直是碳的储存基地，然后又大谈杀虫剂没有毒性等话题。他如此坚信自己的想法，我几乎不知道如何回答才好，只好简单地回答："您的想法让我震惊"，避免引起更多的争论。我表示，如果现代农业真的如同他说的一样具备如此多的优秀品质，那么我一定是第一个感到高兴的人。我感到大厅里的听众不会有人赞同我的观点，演讲在冷漠的气氛里，伴随着餐叉碰到盘子的声音和邻桌食客之间的小声谈话结束。我的失望与愤怒实在难以抑制，我在充满敌意的气氛中感到难过，被人恶意打断的刁难行为实在令人筋疲力尽。

然后，我立即发动自己基金会中环保监督委员会顾问的力量，就参议员提到的话题展开了一番调查。几天后，我寄给他一份文件：

（1）不同农业形式释放的碳

所有针对这个主题发表的研究显示，农业要为温室气体的排放负很大的责任，与传统的家庭型农业相比，集约型农业释放温室气体的情况更加严重。

氮肥释放的温室气体占农业来源温室气体释放总量的53%，对土地的耕作，尤其是经常耕作、深耕是 CO_2 气体释放的主要来源，可以参看瑞克斯基（Reicosky）博士的研究成果。他有一句话非常形象，明确地展示出这种现象的广度与强度："经过耕作的土地如同打开瓶塞的香槟一样，气体滚滚而出。"

年年种植的做法，尤其是单一作物种植的方式最能破坏土地中蕴藏的碳，导致每年释放进空气中的碳元素最多。

所以，最佳的农业方法是种植多年生作物，而不是每年重新种植，而且要采取长时间轮作的方式，使用有机肥料，种植草地。另外，人工植树造林是对抗碳元素释放最有效的方法。

在 2002 年 9 月至 10 月出版的杂志《简单种植技术》第 19 号很好地总结了目前对该问题的认识，并且指出了把碳元素固定在土地中的有效方法：

——用传统方法种植树木、树篱、草地；

——减少土地耕作，尽量不耕作；

——增加植被覆盖面积，重新种植树林等；

——减少使用工业化肥（生产 1 吨氮需要 2.5 吨石油）。

结论是，数千年以来，在所有的作物中，集约化方法生产的每年重新种植的作物，比如甜菜、玉米、谷物，是最具破坏性的作物，使土地中封藏的 CO_2 大量释放到大气中。

（2）关于杀虫剂

关键的数字信息如下：

——法国使用杀虫剂总量达到每年 11 万吨（法国是仅次于美国的第二大杀虫剂使用国），这些杀虫剂使用在 2000 万公顷的农业有效种植面积（SAU）上；

——农业使用杀虫剂比例为每年每公顷使用 5.5 千克杀虫剂活性物质（数据来自欧洲统计局）；

——园艺使用杀虫剂的比例要小得多，占总量的 1%～2%；

——环境中杀虫剂累积量最严重的领域是农业。

（3）喷洒灌溉的恶果

只要观察工业化集约农业种植计划的结果，就能够了解喷洒灌溉方式的消极结果。①

最触目惊心的例子莫过于咸海（mer d'Aral）了：1970年苏联政府决定利用该处水域灌溉 200 万公顷棉花，结果是在 30 年的时间里，咸海这座世界第四大湖的面积缩减到原来面积的十分之一。

很显然，使用的水没有通过云和水循环回到源头，导致水资源的严重不平衡。

美国加利福尼亚州也出现了类似的情况，米歇尔·巴尼耶（Michel Barnier）的书②中列举了这个例子：

加利福尼亚州和亚利桑那州在 30 年里使用地下水进行集约灌溉，地下水无法重生，因为地质水囊已经塌陷。在美国，长期广泛灌溉，使用最后的大片地下水灌溉的包括中部的十二个州：从达科他州到新墨西哥州。最大的奥佳拉拉（Ogalalla）地下水层将在 30 年后干涸。

位于华盛顿的联邦政府正在研究建设浩大的水利设施，把加拿大的水资源引入美国中部各州，继续浪费水资源，而不是去寻找其他治本的解决方案或者经济对策。

---

① 全球消耗淡水的 73% 用于农业。

② 米歇尔·巴尼耶（Michel Barnier）：《重大危险汇集》（*Atlas des risques majeurs*），普龙出版社（Plon），1992 年。

米歇尔·巴尼耶（Michel Barnier）把这种方案称为"败事有余的魔法师学徒"方案。

要知道，这些水对于可溶解化肥的有效性和工业化农业的效果必不可少。如果没有水，人们必须回到传统的生物农业耕作模式。

工业化农业抽取水分要消耗能源，同时导致土地盐碱化现象①。

工业化农业给环境带来的后果总体上呈负面影响，这种农业形式产生的破坏要比产出更多。事实就摆在眼前：各种关键资源加速消失，土地遭到毁坏，美景消失，全球沙漠化。

经济结果同样一塌糊涂：工业化农业付出的代价是其产出价值的三倍。在极端情况下，1升汽油只能保证一间温室内生菜的产出，也就是说需要耗费500卡路里才能生产1卡路里的食物。②

我在附带的信上写道：

---

① 土地盐碱化现象是指土地中的盐类逐渐浮现到地面。

② 材料由环境保护监督委员会成员、农业生产者、环境科学博士菲利普·德布罗斯（Philippe Desbrosses）整理。

参议员先生：

在"新立法论坛"的讨论餐会上，您就工业化农业及其环保影响的诸多方面发表的意见吸引了我的注意。

您提供的信息让我惊愕不已，于是委托基金会环境保护监督委员会的成员着手进行研究工作，这些成员都是在环境与环保方面获得认可的专家。

我把他们研究后获得的信息交给您，这些信息与您的说法有很大的矛盾。

我们很愿意与您就此话题继续讨论，并且希望了解您所掌握的信息来源，以便修正我们的观点。

参议员先生，请您接受我最诚挚的敬意。

尼古拉·于洛

为了自然与人类－尼古拉·于洛基金会会长

这份材料寄出之后没有回音。

我还清楚地记得另一次午餐，在"妇女社会地位组织"（la Condition féminine）秘书处的情景令我记忆犹新。组织方邀请演讲，当时我很高兴地接受了邀请，可是演讲的结果却惨不忍睹。到了演讲地点，我原本心情愉快，对方也彬彬有礼地接待了我，对我的演讲主题饶有兴致。当开始谈论环境保护和可持续发展滞后时，出现了第一个让我情绪不佳的小插曲，有人突然发问："您希望彻底清除高速公路，请给我们解释一下打算如何着手吧？"当然，我从来没有提议清除高速公路，我的提议是应该仔细考虑是否有必要建设某些高速公路，有的方案计划穿过几乎无人的地区连接两个地区首府，这样的高速公路是否值得建设。我做了简要的解释后，准备回到正题继续讨论《环境宪章》的重要性，这时观众中发出了嬉笑声。接着，有人又提出新的问题："您的那个东西……"我纠正了问题里的词汇错误："您说的'那个东西'应该指的是'宪章'这个词吧？"我直接打断了提问，如果别人找我的麻烦，我也有能力挑衅、反击。我建议提问者赶快去看看医生是否有耳聋的问题，接着我用下边的一句话来强调我的讲话："当你们看到孩子怨怼的目光之时，你们会理解真理在何处。"一位组织者结结巴巴地表达着歉意："您会错意了，我们并不是反对您捍卫的理念。请给对话者以尊重，让别人表达各种观点……"如此等等。我对这样的空话不感兴趣，离开了演讲厅，面对这样的听众我感到沮丧，另外对自己的反应也感到失望。我很少在公众面前丢脸，但是这种事情一旦出现，我事后会非常怨恨自己。

于是，我告诉自己的团队，以后不必参加明知会出现正面冲突而且毫无意义的活动，因为参加这类活动也不会起到作用，我们无法说服肤浅的人理解深邃的思想，我们无法替那些永远自以为是的人担忧。

一些不愉快的经历不能改变我的初衷，我相信，如果整个社会接受参加合理的环保活动，取得的结果一定令人惊叹。在科学进步的指导下，政治家做出有利于未来的决策，企业适应环境，公民积极参与。这是空想吗？我觉得这不是空想。这样的社会不但运行良好，而且取得的成果很快就会为众人所见。我清楚，鉴于人类面对的威胁，要达成目的必须全球协作，只有我们都依照一个国家的标准运作执行才能实现。需要再次强调的是，仅仅意识到问题还远远不够，尽快转化为实际行动才是对策的关键所在。不论是个人还是集体，不要把任何改变都当成退步，决策者们应该认识到，只有自己坚信不疑才能说服别人。三个世纪以前，博叙埃（Bossuet）[①]曾经预言性地指出人类所处的境地："人类遭受着后果的困扰，却适应导致恶果的原因。"

现在我们就处于这种境地，灾难就在眼前，而解决方法也在这里。既然每个人都不希望死去的博叙埃预言成真，大家就一起全力唱出生命之歌吧！

---

① 博叙埃（1627—1704），法国天主教主教、传道者、作家，被称为"当时世界上最伟大的演说家"。

第五章
人与自然的大合奏

　　于贝尔·雷弗（Hubert Reeves）在《沉醉时刻》（*L'Heure de s'enivrer*）一书里用更加现代的语言总结了博叙埃的言论："悲观主义者说，'情况要糟糕，非常糟糕'；乐观主义者说，'情况不能变得更糟了吧'。不，情况还会更差。"

　　我在这两个名人身上似乎看到了自己的影子，也看到了彼此的矛盾所在。我为人乐观，但在政治上悲观。

　　之所以说我是悲观主义者，举个例子，在《世界报》（*Le Monde*）一系列关于进步的报道中，一位出色的科学家伊夫·科庞（Yves Coppens）[①]写出了如下的话，这些文字中充满了任何一个 19 世纪的科学家都不敢想象的乐观精神：

　　① 伊夫·科庞（1934—），法国古人类学家、考古学家。他与美国、法国科学家在 1974 年共同发现了著名的南方古猿"露西"的骨架。

　　总之，这些哭泣可以起到积极作用，在无序之地重新建立秩序，在失去平衡之后重新给人类建立平衡，不要总是以为将来一团漆黑！人类的未来棒极了。未来的人能够详细调整基因图谱，让神经系统效率更高，让孩子实现梦想，掌握板块构造论，控制天气，在星球之间漫步，殖民自己喜欢的行星。未来人类还将学会如何把地球送入年轻恒星周围的轨道，懂得只有通过教育才能让人变得宽容。

　　啊！把地球送入年轻恒星周围的轨道，多么美好的奇迹啊！面对将来出现的灾难，作者对人类的聪明才智与适应能力信心十足，甚至普罗米修斯的梦想也没有达到如此天马行空的程度啊！我认识伊夫·科庞，我觉得他在写下这些话的时候可能处在非正常状态。很多了解伊夫·科庞的人知道他的话语中经常充满幽默，难道发现露西①这件事让他兴奋得失去了理智？

　　几天后，我恰巧遇到了刚刚被任命为环境宪章思考委员会（le comité de réflexion sur la charte de l'environnement）主席

---

　　① 露西是指1974年在埃塞俄比亚发现的南方古猿骨架。该标本的发现非常重要，为古人类学研究提供了大量的科学证据。露西被称为"人类最早的祖先"。

的伊夫·科庞，向他提起了这件事。祝贺伊夫·科庞获得任命后，我忍不住自问：这么做难道不相当于把狼放入羊群吗？伊夫·科庞向我保证他对环境问题做了长时间的思考，在没有任何偏见的条件下考虑了环保提倡的谨慎原则，他会听取各方面不同的意见，欢迎各方面提供的分析。后来的事实证明伊夫·科庞的确做到了言出必行，实现了完全独立思考的诺言，没有受到利益相关各方的影响。真正的伊夫·科庞和他所撰写文章体现出来的伊夫·科庞完全不同。

另外，还存在一些不那么著名、不那么可信但不可原谅的学者。这些人受到邀请的机会比较少，有时提出的观点完全不可理喻。仔细研究一下他们的个人简历，就可以发现这些专家往往与各种大企业存在各种利益联系。幸好我还遇到了很多纯粹的学者，他们保持怀疑态度，努力工作，始终谨慎谦逊，可能会找到新的解决方法，但是他们缺乏资金支持。这也是悲观与乐观的结合，他们对环境问题保持清醒，发挥想象力寻找出路，可是，这些学者通常只能在缺乏各方支持的条件下孤军奋战。

反对社会中墨守成规的习惯的做法始终未变，寻找富于创造精神的学者并将其发现应用于世的行为一直存在。举个例子，生态生理学家伊冯·勒马霍（Yvon Le Maho）绝非某个不知名机构的无名小卒，更不是某个发明比赛里籍籍无名的参赛选手，他是法国国家科学研究中心（CNRS）的研究主任、科学院成员、我的基金会环境监测委员会成员。他发现了一种奇怪的现象：雄性企鹅在卵孵化前出发捕鱼，做大量的食物储存工作，回来后胃里装满了鱼。让人吃惊的是，这些储存于机体中的鱼在几个星期的时间里始终保持新鲜。这种神秘现象的原因何在？伊冯·勒马霍发现企鹅体内的一种蛋白有保鲜作用，后来人工合成了这种蛋白。谁能想得到今天会把这种科学发现应用于食品保存上呢？有多少起初貌似魔法的现象最终成为应用广泛的科技呢？传真技术在几十年前只是警察局里用于传输犯罪嫌疑人面部绘图之用，现在已经成为广泛应用的一种科技。

科学应该走出约定俗成的框架，摆脱"立即获得最大程度收益"这种泛泛而愚蠢的想法。科学应该找到自己的诗意，甚至应该勇于追寻"疯狂"的想法。真正理解人文主义的学者们绝不会偏离正轨。不论在法国还是在其他国家，不能立即获得收益的科学研究获得的资金支持越来越少。人类要做出决定，否则，我们漫不经心的行为将在若干年后导致严重后果。

我悲观的情绪还来源于另一种现象：很多政治决定如同温暾水一样，借口某些科学研究结果并没有切实的依据，仅仅是假设与估计，不值得政府采取行动。以气候变化为例。长时间以来，很难证明全球气温升高是人为因素造成的，于是人类浪费了许多时间进行毫无意义的讨论。今天，人们反而抱怨耽搁了大量时间才导致今天的恶果。两万年前，距现代最近的一次冰河时代，平均气温比现在仅仅低4℃，可见小小的温差就能够引起巨大的变化，更不要说从时间层面上来说，今天的变化更加严重。在阿拉斯加，冰川在三十年时间里后退了数百米。再过几年，乞力马扎罗山顶的积雪将彻底消失，长时间以来人们认为那里的雪是亘古长存的，而现在山顶的雪线每年正以数十米的速度向上融化。可见，正如很多科学家提倡的那样，谨慎原则非常重要，我们不要继续拖延了，应该马上行动起来。

很遗憾，我要再次强调的是，政界运行情况让我不乐观，因为那里缺乏三种宝贵的品质：勇气、谨慎、预见性。需要付出很多才能让政界人士从自大变得谦逊，不是只把经济指标当成人类进步的唯一体现，不是只提出存在重大隐患的解决方法。还有关键的一点是，要拒绝代言部分选民对未来的恐惧，应该永远记住全民的利益高于一切。

我始终坚信政治工作复杂而紧张，可是诸多政治家居然身兼数职，这让我非常吃惊。不论在政界从事哪一种工作，都需要全身心投入，可是实际上我们选出的政客们往往同时从事多份工作，这两天做做这份工作，过几天做做那份工作。要做出重大决定之前必须经过深思熟虑，不应该满足于看看顾问总结的要点，或者在演讲之前临阵磨枪读读演讲稿子。我觉得政治人物如果想要取得成绩，就应该摆脱那种分帮结党的做法，对自己党派所在阵营的意见来者不拒，对敌对党派所在阵营的意见充耳不闻，民主绝非如此。我觉得未来各种大型方案都需要各个党派通力合作完成，而且要取得一定的成绩，需要短期、中期、长期的规划，各个党派应该以事实为基础，同进同退，所有人团结一致为共同的未来努力，而不应该只对眼下负责。如果有人承诺在自己的一届任期内就能解决各种问题，他一定在撒谎。重大社会抉择不可能在内阁里秘密做出，也不可能在令人眩目的媒体曝光下做出。正确的做法是，在严肃、安静的前提下做出决定，经过真正的公众讨论后，付诸实施。

很多重大决策都是在紧急、盲目，以及各种蛊惑宣传之下做出的，或者简单地说，在没有仔细考虑的情况下做出的。比如，当法国停止义务兵役制度后，居然没有人想到用提供人道主义服务的制度代替义务兵役。当人们不再需要为假想的战争做准备时，没有人想到这种在和平年代下为社会提供更大价值的服务方式。我觉得用提供人道主义服务制度代替义务兵役制度可以让各种不同文化背景的人相遇，更多了地解与自己不同的人群，一定程度上解决了人民抱怨的社会分层现象。人道主义服务可以让人们取长补短，有利于全民的利益，还能够满足社会上的紧急需要。比如，在一年的某些时间段，医院患者激增，急需工作人员；从事环境保护工作，诸如为大片森林建设防火带、预防清除海洋污染。参与者从

106 中获得的心理收益非常巨大，生活富足的人经过这样的服务可以对世界有更加客观的认识，更加深刻地理解慷慨与团结的含义。那些整天牢骚满腹的人通过参加这种服务可以看到世界上的贫穷与不幸，理解每个人都承担了人类整体不幸中的一小部分。总之，人道主义服务可以从个人与社会的层面把被浪费、无用的时间变得更有效率。每个年轻人在人生中至少有这一次机会贡献一分力量缓解社会的伤痛，改善人类整体的生活质量。这种人道主义服务让参与者与他人建立联系，形成习惯以后可以对抗更加隐匿、无处不在的个人主义。

但是，没有任何人深刻自省想出这个办法，人们对于根本性的问题通常表现得盲目无知，尤其对于一些显而易见的措施更是如此。当时没有把这个想法和雅克·希拉克沟通，我非常自责。在他出任总统之后，我渐渐走出幕僚的角色。假设有政治人物接受了这个想法，那么他就不能反悔。如果目前的系统始终存在，反对党派没有合理的解决方法，当下出台的只能是一些做表面文章的政策。迅速改变的社会让政界无所适从。很难想象如果人道主义服务是唯一选择，这个国家将会做出怎样的反应！

当然，为了改变政治运作方式还需要解决很多问题，我们可以自我安慰，觉得问题能够像水一样，不论障碍如何总能够找到流出去的方法。可惜这种类比并不贴切，因为水可以花上千万年寻找出路，但是人类面对的问题已经开始倒计时了。所有事件都以前所未有的速度推进，人们不得不去适应，灾难终将突然降临。如果我们有几个世纪的时间去准备，我就不会这样悲观了，可是人类没有这么多时间了。

泰坦尼克号是当时世界上最美的邮轮，是当时各种尖端科技的完美结合，高质、舒适、安全，甚至在下水前就被称作"永不沉没之船"。船上著名的密封舱是航海技术的奇迹，如果某处不幸破裂漏水，这种技术能够阻止整个船体进水，船上采取了所有能够想到的措施，不幸的是，这一切都不能阻止泰坦尼克号撞击冰山并在几个小时后沉没的命运。

我们的社会是否正如泰坦尼克号一样径直向灾难直冲而去呢？经济与环保之间的"密封舱"、消费与浪费之间的"密封舱"能够保证人类的安全吗？严重的意外伤害突然袭来，我们的坐船是否会变成碎片呢？从顶级豪华舱的亿万富翁到船底舱挤在一起的穷困移民，所有人都乘坐着同一艘船，遭遇了同样的海难。然而，在靠近冰山而船只本该改变航向的时候，船员在各个舱之间穿梭往来安抚乘客，告诉大家没有危险，船上的音乐合奏依然如故，乘客继续享受着纸醉金迷的生活。

相当多的现代人相信人类天性善良。有些时候，当遇到各种不顺的事情时，我实在难以相信这种说法。如果人类的本性就是自私、邪恶的呢？如果人类完全不理会子孙后代的命运呢？如果像20世纪各种事实所展示的，人类心中占据主导地位的是野蛮而不是文明呢？我要努力说服自己不要被这种消极的想法吞噬，不要把自己的思想封闭在愤世嫉俗的情绪中。

不过，人类的确没有从过去的经验中吸取教训，和平主义者寥寥无几，各种公开或隐匿的战争随处可见，大多数国家的军费支出超过食品支出。一点点小事就能够打破人类脆弱的平衡：欠妥的表达方式、不恰当的行动、邻国的喊话。个人的思考迅速让位于集体意志，这种集体意志有时让人不寒而栗。我看到过战争、宗教争端乃至体育比赛引起对抗之后的严重后果。在意大利体育场，曾经出现过举手行纳粹礼的可怕场面；当巴黎圣日耳曼足球队与马赛奥林匹克足球队比赛时，必须出动军警维持秩序，防止骚乱发生。

没有必要遮遮掩掩，在当今世界，少数富足的国家如同小岛一般出现在贫困的汪洋大海中。尤其在通信空前发达的20世纪，这种对比更加醒目。人类旅行从没有像今天一样容易，观众可以瞬间知道几千公里之外的新闻。一夜之间，整个世界都看到了什么是悲惨、什么是繁荣，这种对比让人感到震撼。除了发达国家与贫困国家之间的差距越来越大、国家内部的贫富差距不断扩大之外，不平等的情况以更加令人难以忍受的方式爆发。这些不平等的情况不再默默无闻了。社会厚颜无耻地展示一些极度富有人的生活方式，电视、度假、各种娱乐，以此作为大众的消遣方式。所有人都忘记了弱势群体，任其自生自灭。在这种大环境下，仍然希望前进的人也不得不蒙起双眼。他们需要勇气或者极度的天真才能继续相信加缪（Camus）通过主人公在《瘟疫》（*La Peste*）这部小说中讲出的话："人类身上值得欣赏的品质多于遭到鄙视的缺点。"

在某种程度上，我或多或少还是属于积极乐观的一类人。我的人生观可以总结为一句话：不对人的本性抱有幻想，这样我就一定只有惊喜。每天都有人给我惊喜，每天我都会遇到非凡之人。他们可能没有通过媒体出名，但是他们并不比那些经常在媒体上曝光的名人做得少，我相信他们会最终成功。于是，我在力所能及的范围内努力，挑战失败主义，努力呼吁，寻找支持。尽管如登山一般缓缓前进，但是我始终不放弃；尽管所处的世界让我产生悲观情绪，但是这不会阻止我继续奋斗。

我全力去寻找积极的回应，的确，在演讲厅里野蛮的反对声音一定盖过智慧的回应，但绝不应该因此放弃。在演讲厅里，演讲者会不自觉地注意两三个反应过度激烈的听众，但这并不能抹杀其他听众聆听、思考的事实，甚至有些听众会制止那些扰乱秩序的人。我要对话的正是那些希望聆听的人。

让人感到幸福的是，大自然就在这里，为我指出了应该遵循的道路，在经历了社会的艰难考验之后重新让我信心满满。正如著名诗篇《先知》（*Le Prophète*）的作者哈利勒·纪伯伦（Khalil Gibran）[1]所说："我们生活只是为了发现美丽，其他的一切可以放在一边。"我要强调的是，如果没有与自然之间的默契，我的战斗不可能继续下去。如同飞鸟一样，我很早就知道，不论自己的意愿如何，一种浸润心灵的环保使命在召唤我。曾经有一次，我在水晶般的水中游弋，四条座头鲸环绕在我周围，它们美妙的歌声绕梁三日，久久不绝于耳。这是我众多非凡经历中的一次，这次经历留给我深深的印象，给我带来了希望。我知道自己会遇到什么：云彩、空气、飞鸟，我感觉得到，它们给了我的生活无穷无尽的乐趣，自然赋予我无穷的感动，它是一切的母体，是给予我力量的源泉。所以我对自然充满感情，对自然的不幸遭遇满怀同情。那次经历还有一件小小的趣事让我感动：当录制这次远方游历的信息时，我们意外地把座头鲸的歌唱也录在里面了。

我很有幸，心中一直存在坚定的信念：绝不把智慧放在生物的一切品质之上。随着年龄的增长而堆积的各种条件下的反应总和、在不了解细节的情况下把所有东西都塞在一起——我拒绝这些东西。这种金字塔式的想法认为，最底部是仅有简单想法的人，最高点是聪明睿智的人——这绝不是我对世界的看法。我写过一篇文章，其中引用了凡·高的

---

① 哈利勒·纪伯伦（1883—1931），黎巴嫩诗人。

话："生命很可能是圆形的。"这是对生命活力具有诗意的看法："所有生物在一起"，彼此帮助，呈现为球形的系统。面对人类的智慧，我很高兴地看到动物本能依然拥有自己的价值。下面就是我所撰写文章的一部分，十年后的今天再看此文，我依然不会改变一个字："本能在动物机体中表现完美，如果天生的本能是生物所获得的最终能力的总和，那会怎么样呢？这种基因资本让动物不必过分动用神经元思考，而是凭借无与伦比的创造性弥补智力的缺陷。这难道不值得赞赏吗？如果本能仅仅是由血脉继承而来的远古智力呢？动物或许才是完美的存在，它们与自然、环境和谐地共同生活。"

我欣喜地看到在本能中存在高度进化的智慧，这是生物达到圆满境界获得的知识总和。智慧与本能之间的界限并不像人们想象的那样界限分明。读了爱德华·威尔森（Edward Wilson）[1]赞美生命多样性的文章后，我惊讶得目瞪口呆。比如，他关于海獭的描绘：海獭酷爱食用海胆，海獭捕捉到海胆后会用石头把海胆打开；如果无法打开的话，它会再次潜入海底拿上一块卵石打破海胆，然后美餐一顿。谁说人类与动物的区别是使用工具？恐怕是使用武器才让人类与动物不同的吧？

---

[1] 爱德华·威尔森（1929—），美国生物学家、昆虫学家、蚂蚁研究专家、国际知名学者。

众所周知，根据达尔文的理论，自然选择推动进化。不过，我很难相信单单凭借偶然因素与环境刺激能够创造如此多的奇迹。生物本身难道不是促成进化的条件之一吗？拉马克（Lamark）[①]认为，生物与每个个体也会在进化中起到作用。我们面对的是因果关系，不是从中间开始而是指向中间的因果关系。我当然不是专家，不能参与这场讨论，但是直觉告诉我，进化应该是多种因素叠加的结果，而非通常人们所认为的是单纯的外界因素所致。

由于以上原因以及很多其他原因，我生活的关键是与自然达成的深度一致。大自然多年来是我的大学，然后成为我的日常办公地点，它教会了我一切，教会了我生活。我在与自然长时间的亲密接触中懂得的基本原则，可以用一句简单的话总结：社会中大多数病痛源于我们的自大。帕斯卡尔·皮克（Pascal Picq）[②]曾经评论过人类的自大，他的话被卡琳娜·卢（Karine Lou）在《最美动物故事》（*La Plus Belle Histoire des animaux*）一书中引用："人类不是唯一能够思考

[①] 让·巴蒂斯特·拉马克（1774—1829），法国自然学家、生物学家。著有《动物哲学》（*Philosophie zoologique*）一书，阐述了他所理解的进化理论，提出了用进废退与获得性遗传法则。他认为，进化是生物变异与适应环境共同的结果。达尔文在《物种起源》（*L'origine des espèces*）中引用过拉马克的作品。

[②] 帕斯卡尔·皮克（1954— ），法国古人类学家。

的动物，但人类是唯一认为自己不是动物的动物。"看着人类的自大，大自然教育我们要聆听、谦逊，把我们放在自己应该在的位置上，不高也不低，在自然循环恰当的位置上。一只动物或者一群动物的突然出现让你措手不及吗？如果出现这种情况，往往是人类自己的错误所致。乘坐独木舟划到河马的身上，河马起身掀起了独木舟，看起来很好笑。如果出现这样的问题，只能归咎于自己，而不应该怪罪河马。我有过类似的经历，就仿佛处在蒙田（Montaigne）所写的那个身在巴黎圣母院顶端笼内的人的境地。我唯一的问题是怎样让自己保持理性，不要害怕，安静地享受壮丽的景色。

有一次，在麦克萨斯群岛（les Marquises）潜水，我刚刚进入海底岩洞，一条锤头双髻鲨就钻进洞口堵住了我的归路。当时我心下惴惴，微微发抖。最终，这条鲨鱼让开了路。面对鲨鱼，我慢慢前进，没有丝毫敌意，鲨鱼感觉到我没有伤害它的想法。当时我把各种思考能力抛到九霄云外，单凭直觉行动。

在另一次潜水中，一条七米宽的鬼蝠鲼游到我的上方。我感到有些担心，它只要挥动一下鳍就可以瞬间把我打晕，不过，很快我就理解了它的意思：想让我帮它取下身上的寄生生物。于是我照做了，然后我们心平气和地分道扬镳。

还有一次，在奥卡万戈河三角洲（Okavango）的帐篷里，我听到了狮子的声音。这只狮子并非在远处自己的领地上，它应该就在附近，距离帐篷几米远。很快我在寂静当中听到了狮子的呼吸声，这只狮子走到了帐篷旁边，距离我几厘米远。我知道狮子不会闯进帐篷，但是我突然觉得帐篷太薄、太脆弱，拿帐篷做屏障简直可笑。不久之后，狮子离开了，我重新进入了梦乡。

另一个晚上，还是在奥卡万戈河三角洲，我们乘坐热气球飞行，本应该到附近的一个营地乘坐直升机的，但是事情很不顺利，我和一个共同在岛屿探险的孩子留在当地等待救援。周围到处是河马、野牛、狮子，我们手里没有灯，只有一个热气球喷火器，当野兽靠得太近时，我们点燃喷火器吓走野兽。这样坚持到其他伙伴来接我们，我们得救了。这样的时刻让我永世难忘。

在野外生活、随处支起帐篷倒头就睡，这样的经历让我对世间万物有了独特的看法，能够更加准确地感知周围的风险、人类的脆弱、自身的力量，任何其他集体游戏都不能让人产生这种感觉。在奥卡万戈河三角洲距离狮子几厘米距离的那几分钟让我刻骨铭心。同样，在其他地方忍受的严寒、酷热、肮脏、尘土、缺乏睡眠等各种经历一样让我铭记于心。所以，当我看到有些自称非常理智的人任意践踏自然，几秒钟时间里就屠杀了顽强的生命，这种毁灭生存的策略、粉碎天性的力量……让我想起兰萨·德拉·瓦斯托（Lanza del

Vasto）^① 的话："的确，你只需要十分之一秒踩死一只蜘蛛，现在请把这只蜘蛛复原。"

人类来到未被开发的自然环境中，如同白人来到非洲或者美洲土地上一样：屠杀一切和他们肤色不同、宗教不同、语言不同的人。通过历史，我得到这样的结论：无论自然在哪里能够找到平衡，我们的到来就会打破这种平衡。乔兰（Cioran）^② 用了一句可怕的话给予总结："人类是一种背叛的动物，历史是对人类的惩罚。"

人类的自大让我愤怒，我们需要谦卑，需要比我们最谨慎的日子里更大程度的谦卑。我们是谁？凭什么认为自己是一切的中心？是金字塔的最顶端？一个对人类历史长度的比喻浮现在我的脑海中，泰奥多尔·莫诺（Théodore Monod）^③ 把地球的历史比作龚古尔广场上的方尖塔纪念碑：在方尖塔纪念碑顶端放置一枚硬币，这枚硬币的厚度相当于人类来到地球上的时间；在这枚硬币上放一张卷烟纸，这张纸的厚度相当于人类文明的历史。另外还有一种相似的类比：如果地

---

① 兰萨·德拉·瓦斯托（1901—1981），意大利哲学家、诗人、雕塑家、画家。

② 乔兰（1911—1995），罗马尼亚思想家、诗人，用罗马尼亚语和法语发表作品。

③ 泰奥多尔·莫诺（1902—2000），法国自然学家、探险家、人道主义学者。

球诞生了一年，人类不过相当于在今天晚上午夜前几十秒钟才出现在这个世界上。与这种历史长度极不匹配、让任何一个人都目瞪口呆的事实是，正是人类出现的这短短几十秒钟导致一切走向灭亡。

在这些比喻背后，历史从愤怒的泪水走向欢笑，同时保留了愤怒。几年前，在英美携手举行的一场环保宣传活动中，展示了一棵巨大的古树被砍伐的景象。在树木的年轮上，标记着两千年来的历史事件：耶稣诞生、第一次十字军东征、发现美洲新大陆、纽约的建立等等。在年轮的最外围写着一行字："这棵树于此年遇到了蠢货伐木工。"

我非常喜欢勒内·迪博的这种想法："我们本来可以成为各种各样的人，但我们永远不会成为其中的一种。每个人天性中的部分强力可以得到发挥，那些强力必然与所在环境的条件兼容，同时也取决于我们在生活中做出的选择。"我们做出的选择——很棒的语句，与宿命论、决定论背道而驰。的确，每个人的生活存在无数种不同的可能，我们应该选择最适合自己的生活。选择和勇气与这种生活相辅相成，选择与危险紧密相连。要走自己决定的道路而不是别人给你指定的道路，除非我们自愿接受。在生活中接受改变，正如法国社会规定每个人享有接受终生教育的权利一样。

然而，人们很难承认这样的想法。这里的主要矛盾在于，我们既承认事物的可变性，做事时又有强大的惯性。其实出现这种矛盾的原因是我们混淆了可变性与移动速度，混淆了表明的改变与生活的改变。有一条旧广告词骄傲地说道："改变自己，改变凯尔顿①。"这正是人类的悲剧所在：我们只能改变事物的外表，而不能改变与时间的关系。我们需要不断地把个人与集体的选择放置到未来的环境中。但是，对做出的选择重新审视被认为是退步，是无法改变的损失，而不被看作是未来发展的机会，这里我们看到的是以反作用的态度面对反思的态度。人类拥有优势，但是没有好好利用，我们很快适应了惯性，沉湎在虚假的舒适中，逐渐变得墨守成规。我们正在老去但自己感觉不到，因为我们更倾向于悔恨而不是惋惜。

悲观主义的典型表现非常多，而我们需要强大的乐观主义才能告诉别人：世界可以是另一个样子，但需要你行动起来；你有自由的意志，可以做出改变，但请马上行动。终将有一天人类会遇到难以逾越的障碍，那时我们一旦醒悟之后可能只能选择屈服，甚至由于无法摆脱我们依赖的那种生活而无法选择。到那时，一切都太迟了。

是的，请保持积极乐观的态度，相信一切皆有可能，相信别人会听到你的呼唤。

---

① 凯尔顿（Kelton）是一款低价手表，表的外壳等组件可以互换，购买后可以改变手表外观。

【新西兰站】

下文中的场景发生在 1999 年，我和我的团队在新西兰南部的卡尔克拉岛（Kalkoa），这座岛屿以其外海拥有难以计数的海豚与抹香鲸闻名。身兼麻醉师与鲸类专家的让－米歇尔·邦帕尔（Jean-Michel Bompar）与我同行，我们划着两条皮艇在外海一边聊天一边游弋，突然有东西在前方远处的海上升起。

原来在前方几公里的地方，成百上千的海豚向我们游来。

简直不敢相信自己的眼睛，在我们的短桨下，大海变成了白色。一部分海豚继续赶路，另一部分游到了我们身边。不一会儿，我们成了世界上最大海豚群落的引路人，我们转弯，它们也跟着转弯。海豚擦着皮艇，一定是为了玩耍，也是为了陪伴我们。它们仿佛在进行求爱表演，展示自己有多么美丽、强壮、灵活……很明显，它们希望与我们和睦相处。

直到今天，我想起当时的情景仍然激动万分，这些海豚给我们发送了什么信息呢？它们给了我们怎样的爱？它们期待从我们这里获得怎样的爱呢？在我的小本子上，有一句托尔斯泰的名言让我回想起当时的景象："当一个人看到了这样的情景之后，他心中的苦涩、复仇、毁灭自己种族的情感还能够继续存在吗？我觉得，在这种上帝才能表达的美丽面前，人类心中的一切邪念都会消失。"

需要注意的是，不要把托尔斯泰提到的这种美丽仅仅从拟人或者实用的方法去审视。人类喜欢把动物和植物简单地分成有益的和有害的两种，请不要这样做。当然，人人都爱海豚，它们聪明、善良，似乎总是在微笑，永远喜欢玩耍，这些品质使得海豚与人类达成了默契。但是请不要弄错，不要把海豚当成儿童的专属玩伴或者海滩娱乐项目，不要把海豚的"善良"与其他海洋动物的"有害"对立起来。鲨鱼往往被当成不可预测、奸诈狡猾的动物，是令人敬畏的"海洋之牙"。这种憎恶没有丝毫理性。鲨鱼和所有生物一样具有合法地存在于地球上的权利，我从来不会用人们习以为常的刻板印象介绍任何一种生物，也不会自以为在进化过程中更加完善而洋洋得意。鲨鱼这种美妙的生物是数百万年进化的结果，是大自然给我们的完美产物。

新西兰外海养育着全球77种海洋哺乳动物中的38种，这些神奇的动物在数万年前来到地球，如同人类梦想的延伸。它们美丽、纯洁，与人类拥有不少相同特点，和人类拥有共同的陆生祖先，这一切拉近了我们之间的距离。

在那次旅程中，我近距离观察到了座头鲸在水面上休息，然后潜回深海的情景，看着大自然创造的奇迹，也就是这种大型鲸鱼生活的完美平衡，我惊叹得无以言表。座头鲸每年都要完成 5000 公里的旅程，从南极来到东家岛（Tonga），来到 30℃属于自己的温暖水域，交配、生产。这片大海不能提供座头鲸想要的食物，所以座头鲸在新西兰远海生活期间不会进食。但是，它们会哺育自己的后代，与极地的海水相比，这里的海水更加适宜生活。当座头鲸重新返回极地海洋时，体重会减轻四分之一。

面对这种母性、对后代的爱，为了延续种族而谋求生存乃至自我牺牲，这是动物给人类上的一课。可是人类却自我封闭，对周围发生的一切充耳不闻、视而不见。不论人类觉得自己的语言能力与聪明才智多么出类拔萃，但是这些能力不能掩盖其他品质。米歇尔·赛赫（Michel Serres）① 曾经在《自然协议》（Le Contrat naturel）中说过这样可怕的话："最主要的事情在内部进行，通过语言发生，与外界无关。"

脱离土地的并不仅仅是农业，文明本身割断了人类

---

① 米歇尔·赛赫（1930—2019），法国哲学家、作家。

与大地联系的根。

我之所以在此提起自己的难忘经历，那是因为这段路程给予我养分，让我理解了自然与人类的关系。我之所以成为环保主义者，不仅仅是因为从孩童时代开始的与大自然的亲密关系。很多人喜欢自然，然而并没有成为环保者的意识。对自然的热爱当然很有帮助，让我与自然产生共鸣，但仅此而已。成为环保主义者的关键在于我意识到人类与周围的环境密不可分，我们依赖于环境，是环境的一部分。除非对人类的命运漠不关心，否则人们一定会意识到自然环境的恶化，意识到这导致全人类的前途堪忧，所以，积极投身环境保护事业应该是每个人的责任，这点毋庸置疑。人类在怀疑、直觉、确定中挣扎之后会提出问题：这一切会把我们带向何方？人类是否有能力超越自我？是否在运动中存在能量让人类团结起来，让各种智慧与设想成为现实？我只能说，或许吧。

但是，这种能量必须非常强大，强大到足以颠覆数个世纪以来人类社会持续存在的错误观念：把人类与自然一分为二。这是一个悲剧性的错误，而且完全缺乏伦理道德，因为从生物层面上看，这种想法是对于不属于人类的一切事物的不敬。泰奥多尔·莫诺追溯了这种人与自然的分裂根源，来自犹太教和基督教。《圣经》中说道，神根据自己的形象创造了人类，让人类成为万物之首，也就是介于自然与神之间的存在，因为人是神的复制品，拥有神的身体与精神。于是，整个人类社会沉醉在这样的幻想中：如同造物主一样，我们是世界之王，我们拥有地球上的一切，我们拥有无限的力量，那么，使用这种力量吧，挥霍大自然的财富吧。

第六章
动物与人：无差等的尊重

我倾尽全力与周围的世界和谐共存，绝不会用冷漠甚至敌意面对其他种类的生物。如果看到在路上流浪的动物，我会感到同情，体会到它们的困难与痛苦。因为我们之间没有平等的竞争，在食物链上并不处于同一个等级。人类的骄傲或许得到满足：我们赢得了胜利，甚至成为世界上的顶级掠食者。多数动物都要在人类面前俯首称臣，甚至这些动物都失去了生存的本能，人类已经威胁到野生动物的生存。非洲、亚洲的大型动物生存境况不佳，不需要通过水晶球预言就可以知道，这些动物中的大多数已经被宣判了死刑。科学家不遗余力地争取《华盛顿公约》（*la convention de Washington*）附录中的野生动物保护条款，即使他们知道最终结果并不是最佳防范手段，但是仍然尽心竭力地抵抗着各种外界压力。

广阔的非洲自然保护区曾经拥有过辉煌的时光，而现在却变得问题重重。自然保护区计划开始尝到自酿的苦酒，原因很简单：大型动物需要走出这些封闭的空间才能散布它们的基因，防止保护区内生物密度过大的问题。第一，保护区内的植物情况迅速恶化；第二，保护区内生物种类密度过大。在津巴布韦的自然保护区与纳米比亚的交界处，我看到饥饿的大象毁坏了大量的猴面包树。这里的矛盾显而易见：一些国家缺乏大象，一些国家大象泛滥成灾。津巴布韦因为大象数量太多，每年都要猎杀几千头大象，那是恐怖血腥的场景，是噩梦之源。于是恶性循环开始出现，人类用新的错误改正从前犯下的错误，最后各种问题失去控制。几十年前有人在科隆群岛（Galapagos）留下了三只羊。今天，岛上繁衍出几十万只羊，损毁一切。政府无可奈何，为了结束这场灾难只好派出军队消灭羊群。

专家们达成一致意见：为了解决问题，应该保证自然保护区的完整性，另外还需要注意在保护区之外不要建立法定无人区。让·多斯特（Jean Dorst）在半个世纪之前就提出过建议，应该建立人类与各种动物的混居区域，因为正是这种过渡区域能够保证自然平衡。热带森林保护也存在类似的问题，在森林砍伐区域之间建立走廊才能保证森林重生。否则，植物与动物的灭绝速度只能不断加快，或者各个物种完全消失，或者出现只有一个物种疯狂生长的失衡状况。同时还要考虑时间问题，在环境灾难爆发前往往是表面的平静，貌似一切平衡，但是当量变累积成质变，人类发现情况不妙的时候，一切都为时已晚。

在非保护区，生物圈在极短的时间里遭到毁灭，速度之快、程度之深让人无法想象。比如，婆罗洲（Bornéo）就出现了这种触目惊心的情况。几十年前，红毛猩猩（马来语的意思是"林中之人"[hommes des bois]）可以在加里曼丹岛（kalimantan）从北到南穿越数千公里，整个旅程不必脚踏地面，完全在树尖儿上完成。这些红毛猩猩如今被困在如孤岛般残存的小小树林中，这树林更像是人工景观而非自然环境。它们如果出行，则完全失去天然地标，很快就会迷失在危险重重的人类世界。有些红毛猩猩被汽车压死，有些触电而亡，有些被油棕榈树种植者杀死……在动物园里出生的小红毛猩猩，被放归自然时会由于恐惧大声呼喊，因为它们知道自己绝没有存活的机会。

在苏门答腊，数千只红毛猩猩消失，它们生存环境的80%遭到破坏。在菲律宾，我亲眼看到一些大型灵长类动物在街头游荡，原来居住的自然环境被火灾摧毁，它们逃到了城市的滚滚车流中，被成群结队的人类捉弄、嘲笑。晚上在我居住的旅馆里，电视上滚动播出着这些令人哀伤的画面作为消遣娱乐，而不是为了唤起人类的同情。这些动物是人类的近亲，它们的遭遇难道不能得到人类的泪水吗？这泪水既是因为这些动物的悲惨命运，也是因为人类的冷酷无情。我非常幸运地在加蓬或刚果的森林中看到大猩猩的家庭。那是一个人类尚且不熟知的大猩猩家庭，看着它们的举止、动作，了解了它们的规则、组织，我感到深深的震撼。想到这种动物已经到了生死存亡的边缘，我心情沉重。这些动物与人类基因组的 99.4% 完全一致，它们的遭遇却得不到人类的同情，人类这个物种真的令人失望。

奇怪的是，动物的痛苦反而引起很多现代人的嘲笑，比如，在一些动物园里，小熊的毛被人用香烟烧烫，动物之间的搏斗总是引来众多看客，斗牛与钓鱼成了常见的运动。记得我曾经在戴高乐机场看到全副武装的猎手，他们准备去非洲做狩猎远征。我清楚旅行社已经在那里把一切安排妥当等待他们猎杀，我看猎手的目光情不自禁地充满了敌视。还有一次，我在北极和一个人共用一顶帐篷，他乘坐私人飞机来到这里，为的是"干掉一头熊"。他那种自大的态度让我怒火中烧，我们最终不欢而散。

我对植物的喜爱不亚于动物，我觉得杂草、害虫之类的概念实在荒谬，所有生物都有自己的用处，都有自己的位置。假设我们用一种特殊的时间维度观察世界，想象一下一年变成了一秒钟，很多动物的生命如此之快，我们甚至不会注意到它们的存在，而植物就在人类眼前生长绽放，展现出自己的美丽。我的朋友帕特里克·布朗（Patrick Blanc）是一名出色的植物学家，有时会有些怪诞的想法，我常常带他一起出

行，他能让我感到人类是多么不公平地对待植物世界。法语存
在各种关于植物的表达法，比如"大蔬菜""漂亮的植物""植
物状态"等贬低、嘲笑的用法，这让帕特里克非常恼火。与泰
奥多尔·莫诺、弗朗西斯·阿雷（Francis Hallé）、让－玛力·拜
尔特（Jean-Marie Pelt）等等大思想家一样，帕特里克认为植
物和其他所有生物处在平等的地位上。这些大思想家都曾经
赞美过植物，强调植物为了它们不能移动的缺点，发展出各
种弥补的措施，并把这种缺陷变成了优势。植物不能自己寻
找食物，于是它们就进化出了光合作用，把无机物变成生命。
风、动物都帮助植物播撒种子，让植物的后代蓬勃生长。弗朗
西斯·阿雷甚至认为人类完全可以不要动物，而与植物共同生
存。每个人都可以自由地决定是否为捍卫植物而战，但是仔
细观察一下生物与非生物的界限，不过是各个界的等级关系，
每个界内部又划分为种。① 分析之后可以看出，把不同物种划
分出等级至少是一种短视的行为，理性的规划让人类成为自
然的主人与师长，过去或许还有一定的意义，但是今天这种
想法只能表现出人类的自大与高傲。

　　我们往往过分地轻视"无知"这种特性，如果我们改变

① 生物分类学研究对生物的各类群进行命名和等级划分，由此
弄清楚生物的亲缘和进化关系，生物学家用域、界、门、纲、目、科、
属、种来给生物分类。

时间与空间层级去观察，生物的事实将展现给我们另一种面孔。在米歇尔·赛赫（Michel Serres）出色的作品《自然协议》（*Le Contrat naturel*）中有这样的话："由于无知和感觉垃圾的散布，我们抹杀了世界的美丽，按照我们的法则，把丰富多彩的世界简单归结为荒漠般的单一土地。"

这个世界的美丽还能永久留存吗？我们心存疑惑。这是人类的不幸，工业已经成了世界的一部分，过去和现在造成了巨大伤害，这些伤害已经没有程度的分别，只有性质的不同。很多人类以为永存的事物迅速崩塌，我说的不仅仅是人类文明。世间实际存在着界限，一旦越界，大自然的力量也无法让毁灭的动物或者植物重生。我们必须再次强调：对于很多物种来说，现在已经到达了自然划定的临界点。

警醒没错，很久以来哲学家告诫人类提防那些无法挽回的现象，人们并没有听到，或者没有足够广阔的视野而以为哲学家只是自言自语。当亨利·柏格森（Henri Bergson）[1]写下"人类的未来难测，因为未来取决于人类"这些话时，一定没有考虑到现在有分裂世界的战争。保罗·瓦莱里（Paul Valéry）在1946年宣布"末世时间开启"，我认为，除了第二次世界大战的残酷与科学家制造了在广岛爆炸的原子弹的行为，他还在呼

---

[1] 亨利·柏格森（1859—1941），法国哲学家，在20世纪前半叶影响巨大。

吁人类小心自己占统治地位的傲慢心理。并非事事皆有可能，空间不能无限延伸，时间对我们来说非常有限。如果人类再不关注这些，那么可能手中就再也没有可出的牌了。

三年前，我为自己的基金会写了一篇讽刺短文，在文中我强烈谴责了这种傲慢自大的心理，批评了人类对自然的驯化：

对野性大自然发出怒吼，我们只需要保留密集养殖场、在一些毛茸茸的动物身上做药物试验的实验室、动物园、海豚游乐园、斗牛场、马戏团。留下几只斗牛犬相互搏斗，在下雨人们无法出门的天气里娱乐大众。留下一些野鸡和野猪，这样猎人的猎枪才不会生锈。冬季在炉火熊熊燃烧的壁炉前摆一个小鱼缸，里边放上几条金鱼。再留下青蛙，这样在科学实验课上才有东西给学生解剖。留下几只猴子给实验室，还可以让它们在电视节目上做傻事提高收视率。再来几头公牛留给斗牛士，与观众一起满足人类的骄傲感。欢迎克隆羊多莉一样的克隆动物，疯牛病万岁！用转基因食物喂养的肥猪万岁！它们是人类第三个千年的先行者！

彻底清除毁坏人类作物的鹿和狍子，干掉偷吃种子、弄脏成市的小鸟，杀掉抢走人类海味的鲸鱼。把所有的金钱与资源都交给游说公司、大企业，交给那些过时的兴趣与原始的兽性。当处理完了动物，我们再遵循生理冲动，继续互相战斗。让我们喝干葡萄酒直到连渣滓都不剩，列好名单，写出所有阻碍我们的贪婪与骄傲的小动物。让儿童从小就进入狩猎学校，这样一个个金发碧眼的小孩子才能参加打猎。吹响号角，把所有没有用和讨厌的动物杀光，人类至上万岁！

我始终反对人类选择性地喜欢一些动物，讨厌另一些动物。应该把平等的想法贯彻到底。尊重蝴蝶的同时尊重蜘蛛；不要只喜欢蜜蜂，同样应该喜欢胡蜂；母鸡不应该在黑暗拥挤的鸡舍里受苦，想想我们用闷热的卡车送往屠宰场的家畜；喜欢可爱的海豚同时也不要无端虐待让人害怕的鲨鱼。对于一切生物的尊重与尊重人类自己的后代出自同源，道德价值不应该相互比较，而应该彼此补充。有些人说人类对动物的爱是感情转移、感情过度，并以此为名提出指责，其实这些人什么都没有理解。多年来我保留着《天空之根》（*Racine du ciel*）的作者罗曼·加力（Romain Gary）的一篇优秀短文，对他的观点我深感赞同。

写给大象的信。

你们的消失意味着完全由人类创造的世界的诞生，请允许我说下面的话，我的老朋友，在一个完全由人类创造的世界里，人类自己也失去了应有的位置。

亲爱的大象先生，你们和我都在一条船上，被纯粹理性主义的风送往遗忘之地。在一个充斥物质主义、现实主义的社会中，诗人、作家、艺术家、梦想者、大象这些存在仅仅是障碍。

还有一次类似的经历浮现在我的脑海中，当时我与雅克·佩兰（Jacques Perrin）、让－玛力·拜尔特参加一场欧洲论坛接受嘉奖。在环保周的契机下，我在年轻的与会者面前发表了讲话，让－玛力·拜尔特递给我一张小条，上面写着 19 世纪美国鸟类学家马克·麦兰（Mac Millan）的话："应该挽救秃鹫，并不是因为我们有多么需要秃鹫，而是要培养人类挽救它们的能力，因为这种能力就是人类所需要的、挽救自己的能力。"

自然链条从来不会给最弱的环节特殊保护，要通过怎样的奇迹人类才能自发地认识到这个自然链条呢？我们拒绝看到自身命运的脆弱，我们与个人的实际情况保持着虚假的关系。人类最大的倾向就是逃避命运：否定死亡，仿佛自己能够永生不灭。我们能够制造越来越复杂的工具、创造越来越多的产品，就能够让自己长生不老吗？鲍里斯·西瑞尼克（Boris Cyrulnik）[1] 在他的《猿猴记忆与人类语言》（*Mémoires*

---

[1] 鲍里斯·西瑞尼克（1937—），法国医生、神经学家、心理学家。

de singe et paroles d'homme) 一书中说过："我们对世界的理解会管控我们，以至于对不能理解的事物视而不见。"为了进一步说明问题，在这里引用保罗·瓦茨拉维克（P. Watzlawick）[1]的话："事实是我们用生命支持的幻象。"当我们的注意力被分散，所看到的一切就会落入自己设置的陷阱。我们周围的宇宙本身并不存在，而是为了我们而存在，我们夹在两个相反的幻想当中：强大的"邪恶大自然"与卢梭信仰的、远离人类诡计恶行的"善良大自然"。

我觉得这种观点存在双重天真之处：大自然既不善良也不邪恶，这降低了唯环境论思想的价值。社会上曾经出现过"重返大自然"的风潮，风靡一时的做法包括使用植物治疗、替代医学[2]、素食等等。这些想法本身并没有什么问题，只不过它们与实际情况完全割裂。现代人拥有的是忙忙碌碌乘坐地铁上班睡觉的生活方式，根本不可能去法国高原牧羊或者去美国加州建立嬉皮社区，正如鲍里斯·西瑞尼克所说，应该让自己对现实的看法符合心中的欲望。

我很愿意把人类的生命分成三个阶段，先是对周围的世

---

① 保罗·瓦茨拉维克（1921—2007），奥地利裔美国心理学家、心理分析师、交流理论家。

② 替代医学指的是未经现代科学医学确认的治疗方法，比如顺势疗法、自然疗法等。

界完全盲目；而后转向自身，逐渐能够看得越来越清楚，但是往往只会透过自己的欲望去观察自然；只有部分人能够达到第三阶段，变得心智清明，拥有远见卓识。有时人类只能在无法回头、临近死亡的时候才能达到这个阶段。我们对于大自然所做的事情并不理智，应该让人类凭借自己的智慧看清命运，预先准备迎接消失的那一天。

所有愿意花费力气思考的人都认为：人类在一边，自然在另一边，二者之间的动物依据对人类的有用程度和远近关系排列。这样的世界根本不存在。我们应该无条件地尊重一切形式的生命。鲍里斯·西瑞尼克说过："我们越接近事实，越发现想象中的大自然是绿色天堂的想法不切实际。如果我们理解动物会无言地思考，那么人类将因为把动物关进动物园、羞辱动物的做法羞愧得无地自容。"

正如生物世界中存在其他规律一样，食物链的确存在，但是不应该以无用的痛苦为代价——这仍然是宿命论与需求论的对立。要努力让生物的痛苦降低到最低程度。因为某种原因杀死动物，请干净利落地完成，这不仅是对动物的尊重也是对我们自己的尊重。不要因为一些动物让人类不舒服或者单纯出于娱乐的目的进行杀戮，不要把其他生物简单地当成没有生命的物体。动物不是为了马戏团而生，不是为了演出而生，不是为了取得观众的哄笑而生。野生动物让人类害怕，而人类对动物进行管理、控制和掌握，我们不能让人与动物之间的这种关系继续下去。不要仅仅在大自然对人类造成困扰时不得不接受它。我们究竟是谁？凭什么觉得自己是唯一值得尊重的生物？凭什么用我们尺度去衡量世界？再次听听鲍里斯·西瑞尼克的话吧："对于每个生物来说，世界和谐、有意义，蕴含各种含义。蚂蟥的世界、人类的世界、老鼠的世界，各不相同。"在此，我还要加上几句：蚂蟥的世界与老鼠的世界并不比我们的世界低贱，尽管有些人并不这么看，出于礼貌我在这里不会指出他们的名字。

人类对其他生物欠下的债令我震惊，有些人总是把各种生物拟人化，我觉得为什么不"拟物化"呢！

动物行为学的研究让人类睁开了双眼，了解到我们从动物身上继承的遗产。知道吗？人类接吻的动作来源于母猩猩咀嚼食物喂给小猩猩的行为；如果把几个人关在封闭的空间里，比如电梯当中，人们的分布情况与小鼠一样，我们彼此保持距离，这样才能保护自己的领地。如果有人接近另一个人，这就侵犯了他人的身体空间，被侵犯人的各项焦虑指标都会上升。尽管没有伤害他人的意愿，但是进入了他人身体的私密空间。这个空间是大约围绕身体周围四十厘米半径的球形范围，这是性行为距离、暴力侵犯距离，也是表现亲密行为的距离。他人在这个距离之外，人们会感到轻松自在；如果在这个距离之内，人们会感到压力上升。在人周围四十厘米之外、一百二十厘米之内是人际交往距离，是语言交流、目光与动作交流距离，超过 1.2 米就开始了分隔距离。四十年前爱德华·豪尔（Edward Hall）所写的《隐藏的维度》（*La Dimension cachée*）一书中精辟地分析了这些现象。每次我们对城市、居住环境、公共交通做分析的时候应该考虑到这些知识。

动物要保持能够逃跑的距离，人类也一样，不能容忍个人空间遭到侵犯。各种高层办公楼与高层居民楼代表了人类建筑、工程、设计的出色才能，足以让人类自傲。的确，物质的舒适程度堪称完美，可以把这种高楼大厦安放在博物馆中彰显人类的辉煌，但是千万不要让人类居住在其中！这种居住地的社会、心理负面作用数不胜数，人类依据最古老的方式进驻其中，领导的办公室总是在最高处，接近天神，似乎这样才能证明自己的"高管"身份。高楼把空间分成了小格子供人生活工作，这与外边的世界完全割裂，用一种荒谬的方式满足人类自己高高在上的虚荣心。从高楼上望下去，世间的一切似乎都矮小卑微。

但是，从外边望向高楼，那是另一种感觉，这些高楼如同《圣经》中描述的巴别塔①，而巴别塔的下场众所周知。

---

①《圣经》中讲述，古时所有人都讲同一种语言，随着人类社会的发展繁荣，人类变得骄傲自大，为了彰显自己的荣耀建造了通天塔，又称巴别塔，妄想凭着这座塔进入天堂。上帝为了惩罚人类，一夜之间让人类讲各种不同的语言，于是在修建巴别塔时无法相互沟通，最终不得不放弃修塔的计划。

第七章
阅读带来的远见

我坐飞机时行李总是超重，不是因为我带了太多的衣服，而是因为我带的书。在生活和旅行中，书籍是我密不可分的伙伴，在仅仅居住两夜的旅馆里我也要安放自己的小图书馆，在支起的帐篷里我也要每天晚上借助头灯的光亮读书。

这些处处陪伴我的书，封面弯折，页面卷曲，而且我会在书上划线，写下注释，逐渐形成了我个人的阅读编年史。打开一本书，凭借墨水的颜色我可以重新构筑当时读书的时间线，然后我再次阅读，在这部"阅读编年史"上再次填上一笔。雨果作品的一些段落我可能已经读过一百遍，我在文字下划线，再划线，成百次地打钩，写下注释。或许在无数次阅读之后，或许在第一次阅读之后，我觉得哪句话能完美概括一个强烈的思想，我就把这句话抄在笔记本上，或者随手抄在日程表上。我喜欢的书陪伴我到处旅行，我喜欢的句子在我这本书中随处可见。我希望你们也能品尝到读书的滋味。这些语句是我的足迹，是我的路标，没有它们我只能在黑暗中前行。我只会这样在摸索中前进，有些人能够找到终南捷径，就如同登山者一样，每个人都有自己的夏尔巴向导，并在向导的协助下登上高峰。国家政要有自己的顾问，而对我来说，书籍中的这些金句如同矿石中蕴藏的滴滴甘霖，凝结着永恒的智慧常伴我左右。

我每次旅行时都把一些书带在身边，其中鲍里斯·西瑞尼克的书总在我的必带书单当中，还有泰奥多尔·莫诺（Théodore Monod）、于贝尔·雷弗（Hubert Reeves）、皮埃尔·哈比（Pierre Rabhi）的书也在我经常阅读之列，还有我发现不久的爱德华·威尔森（Edward Wilson）、弗朗西斯·阿雷（Francis Hallé）的书籍，以及基金会环境监测委员会成员的一些作品。当然，我会携带所有工作需要的材料。在刚刚结束的一次任务中，我在从达尔文到孟德尔所著的八部进化论作品里写了注释。曾经有段时间我阅读生物拟态方面的书籍，这是大自然中的一种令人惊叹的隐蔽能力，有些人觉得我从中学到技巧，能够融入各种环境，并且保持初心。

有一些书是我的最爱，我在任何时候打开其中任意一页都感到无比开心。比如诗人波德莱尔（Beaudelaire）的《恶之花》，我觉得他是最能够贴切表达自然的神秘对人类吸引的诗人。下面就是他的一首诗：

> 自然是有生命栋梁的圣殿，
>
> 有时说出困惑的言语，
>
> 人类穿过象征的森林，
>
> 森林用熟悉的目光望着人类。

我也喜欢他在《升起》中的诗句，人"翱翔在生命中，毫不费力地理解花朵与静物的语言"。

很多年来我一次又一次阅读雨果的作品，雨果是诗人、小说家、剧作家，我承认他的这些身份并不能吸引我。雨果吸引我的地方在于他是那个时代的见证人，他走过了他所在世纪的公众人物。他与各个阶层的人交往，曾经与当权者走得很近，然后为了逃避拿破仑三世的独裁统治逃亡国外，最后以民族之父的身份去世。在我看来，雨果在 19 世纪的身份相当于 20 世纪的曼德拉。在这两个非凡的人物身上，我发现了同样不肯妥协的精神，并形成了他们相似的善良品质。雨果被迫逃亡，曼德拉被投入监狱。两个人都感受到了时代的脉搏，成为各自时代人道主义的象征。

雨果慷慨大度，他的作品的教育意义非常大，而且不会归结为禁欲主义。我永远不会忘记他反对死刑的慷慨陈词，为穷人、被压迫人民、学校、欧洲进行抗争。他介入参议院的行动证明其拥有出色的口才，那些言辞直到今天仍然闪耀着光辉。我非常喜欢他对人与自然之间关系的思考。1837 年，他与乔治·桑德（George Sand）、巴比松画派画家参加了保护枫丹白露森林的游行，这是在"环保"一词出现之前历史上的第一次环境保护游行，要求对森林采取保护措施。这次战斗取得了成果，1853年在当地建立了超过600公顷的保护区，枫丹白露森林得以保全。

　　我非常喜欢雨果的写作方式，他对敌人辛辣刻薄，对弱者和被压迫者大度宽容。阅读雨果的作品，看到他捍卫原则时，我感到他笔下深切的不满。雨果凛然不可侵犯的暴怒、明辨是非的能力，在《所见之事》（*Choses vues*）[①] 一书中表现明显。有人批评雨果的文笔过于冗长，句子拖沓，写作方式层层叠加，的确如此，这也是我为什么不喜欢他的戏剧和诗歌的原因。但是，他在日常生活中的写作与言语却简洁有力。雨果往往能够把我表达得模糊的感情准确地说出来，他的一些格言浮现在我的脑海中，比如"直觉是理性的浮标""怅然是伤心的幸福"。有时，只需要几行字，他就能展现出更加宽广的思想，书写出具备远见卓识的名言："应该把人类从自己独裁者的手下释放。哪个独裁者？历史的重量。打开几个世纪的陈旧牢笼，赋予人类自由。人类成为飞鸟，哪种飞鸟？能够思考、拥有灵魂的鹰。"这些语句中存在怎样的高贵品质

---

　　① 《所见之事》是维克多·雨果的手记和回忆录，在雨果去世之后于1887年和1900年分成两部分出版。

啊！我曾经远行，经历过穿越云端的欣喜，笨拙地学习飞鸟，怎样才能用词语表达我心中的激动之情呢？雨果在尊重、爱护动物方面也写出过非凡的预见性文字。在疯牛病流行期间，世人再度发现了雨果的文章以及他和生活在同一世纪的另一位智者米什莱（Michelet）所写的关于尊重自然文章。把食草动物变成骨肉相残的食肉动物①这种做法，很多人都提出过疑问。面对成群的牲畜遭到屠宰，很多人感到与参加葬礼同样的感情。雨果曾经在文章中提醒过世人，这些文章显得具有前瞻性。

雨果的预见性力量永远指向未来，很少有人具备通过现在的情况预见未来的能力，同时还能够预见未来可能发生的偏差："数百种强有力的想法发出噪音、火焰、浓烟，拖后、延长、引导并占据整个世纪。对那些不知道怎样驾驶火车头的人来说真的是不幸！一个伟大政府成功的秘密在于知道在当下引入多少未来的比例，向当前所做之事中加入未来的元素，只不过要注意加入的剂量。"雨果推广政教分离、社会平等、接受所有文化，但从来没有对科学盲目过分乐观。正相反，他感到了物质进步在吸引世人的同时可能带来的危险。

与所有人一样，我有专属的阅读时间。在青少年时，我

---

① 此处指的是在工业化的养殖场中给原本是食草动物的牛喂食牛骨粉的行为。

如饥似渴地读了儒勒·凡尔纳的作品，读的不一定是他最出名的小说。然后，我又阅读莫泊桑的作品，体会他描绘出的氛围，我觉得他笔下细致、灰暗的世界最接近人类社会的真实情况。有时我还会对某些主题的书籍一见钟情，比如在了解了北极之后，我开始购买各种能够找得到的北极探险记，对于非洲、哥伦布到达之前的美洲也是一样的情况。整体上来说，我还是存在很多知识缺陷。我这个人可以几个小时一动不动地欣赏风景，可是在一本书面前我却会感到烦躁不安。如果一本书不能在前十页吸引我，我就会放弃这本书。所以，伽利马出版社（Gallimard）的《发现》（*Découvertes*）是我的眼中的无价之宝，这套丛书凭借精致的文笔、丰富的图像吸引读者，从众多图书中脱颖而出，阅读这套书对于依然保持童心的我来说不啻于一场真正的冒险。《发现》在图书世界中的位置相当于我所做电视节目在电视世界中的位置：既有视觉享受又有深度思考，既有科普教育又有休闲娱乐。这套书装帧精美，内容丰富，是能够让读者"在消遣中学习"的佳作。

一次，经过很多年的搜寻，我终于在一个旧书商那里找到了布丰伯爵[①]所著的老版本的《自然历史》。这套书棒极了，

[①] 布丰伯爵（1707—1788），法文原名乔治－路易·勒克莱尔（Georges-Louis Leclerc），法国自然学家、数学家、植物学家、宇宙学家、哲学家、作家。

一共有三十六本，随便翻开其中一页，我就情不自禁地被书中的内容带走远游。每个版面都很精致，书中的解释说明严谨丰富，在那个时代还没有其他人来做所有生物的统计清点工作。如果我的房间着火，我要救出的唯一一件东西就是布丰伯爵所著的《自然历史》。

我在旅行的时候离不开书籍，至于新闻嘛，尽管在家的时候我天天关注新闻，但是出门在外的时候我很快就脱离了新闻的世界。有人写过，阅读报纸是每日的哲学祈祷，我认为阅读报纸代表着冒险者回到家中。这是一种重新回归生活、回到自己熟悉的环境的方式。但是，以我的生活节奏来说，我一个月在这里，另一个月在那里，走遍世界各地，这种生活方式必然对我产生影响。有的名人去世我却一无所知，有时甚至要若干年之后才知道，正是这样的小细节让我明白世间的一切都在加速发生，即使名人的死讯也不过占据头条二十四小时而已。今天的新闻赶走昨天的新闻，仅仅离开几天实际上如同离开很久，从这方面也能看出来：当今世界，表面现象重于一切。

当在外地的拍摄工作非常令人疲乏的时候，我无暇读书，全身心地投入工作中。这种时刻对我来说非常艰难，在制作电视节目《乌斯怀亚·自然》最初几集的过程中，当我怀疑自己的生活是否有意义时，就经历了这样的艰难时刻。全球范围内所有的事情都在加速发生，这让我头晕目眩，我不得不到处奔波去寻找新发现，对待事物更多的是蜻蜓点水而不是深入研究，这和我坚持的原则相悖：我更喜欢与人或物深入接触，我喜欢安宁、平静、冥思。这种节奏扰乱了我要做的所有事情。

尽管别人认为我这十年间的超负荷工作的生活方式不能救人反而会致人死亡，不过我还是完成了任务，甚至可以说圆满地完成了任务。非常幸运的是，我很早就知道如何做好预防措施。我远离巴黎以及广播、电视、报纸等媒体，让自己独处。我很早就明白了事实是由每个人自己决定，而不是由其他人决定；人类是在一个系统下工作，而不是和这个系统结婚。所以我对独立自由有着强烈的热爱，人可以在不随波逐流也不挑战传统的情况下有效地工作和生活。

我有一次在昂热（Angers）一所商学院做讲座，对认真聆听的学生们说了这样的话："你们都一模一样，穿同样的衣服，问同样的问题，可能你们也读一样的书，看一样的电影。如果你们当中有人与众不同，那真的会很棒。"在座的学生们大吃一惊，大厅里传来一些不满的声音。他们完全一致的特点让我感到不舒服。人们真实的一面总是让我惊叹不已，因为他们和我们想象中的样子不同。

我很喜欢弄乱线索，让人摸不着头脑，这么做不是因为特殊的想法或者不凡的行为。我思考做事的关键要比大多数人想象的简单得多。比如，我是个电视行业从业者，而实际

144　上我醉心于写作。嗯，这样很好，但是我并不是可以被划分成某一类的人。当有人问我："你怎么定义自己？"我回答：我从来不定义自己，因为定义意味着减少。我不喜欢凸显自己的特点而故意反对一切，我也不会故意显得与众不同。我只希望自己的生活丰富有趣，而不是贫乏枯燥。我觉得和别人不一样是起点，因此我非常喜欢读书，读书可以让我们从日常生活中解脱，随意漫游，书籍可以让我们更有远见，让我们变得更好而不是让我们变得不同。让·多斯特（Jean Dorst）曾经引用过尼采（Nietzsche）的话："最重要的不是什么是真什么是假，而是什么能帮助生活。"我套用一下这句话：不论昨天还是今天，不论社会名流还是无名人士，不论所说的是永恒真理还是无关痛痒的话题，这些都不重要。我只希望世人做一件事：帮助我生活，帮助我理解。

第八章
与人见面的收获

2002 年 11 月 19 日，"威望号"（Le prestige）在被间歇性地拖拽着向西北然后向南航行了几天之后，最终断成两截沉没了。数千吨石油可能会在海上扩散开来，污染西班牙和法国的海岸，媒体一片哗然。

这当然是一场灾难，但是看看数据吧：海洋中石油外泄造成的污染仅仅占海洋污染总量的 3%，陆地上碳氢燃料通过河流造成的污染占海洋污染总量的 75%！尽管看起来令人吃惊，但其实石油并不是最危险的污染物。海洋中的细菌很喜欢石油，而且会逐渐吃掉石油。只是石油很脏，石油污染的海域非常明显，凭借这一点就可以鼓动各种力量，可以卖出很多报刊。公众舆论对这种触目惊心的景象更加敏感。媒体很久以来就明白了其中关节所在，知道怎样玩弄大众的神经。与此同时，在法国每天都有数百公斤有毒物质通过河流倾倒入海，又有哪个媒体对这件事做过报道呢？

146   那段时间，我收到一位作家朋友雨果·维尔罗姆（Hugo Verlomme）的来信，信的内容令人震惊：在省政府的允许下，有毒的泥土被倾倒在海滩上。

当原油泄漏在我们家门口的时候，92000立方米的有毒泥土也将在几个月的时间内被倾倒在卡普布雷通（Capbreton）海滩。根据法国海洋开发研究院的信息，这些肮脏的泥土中含有重金属、杀虫剂，以及含量超标的砷。存在其他的解决方法，大西洋海滨的几个城市共同协作筹备其他的解决方案，不再把泥土倒入大海中。在六个月的时间里玷污卡普布雷通－奥瑟戈－塞内奥斯（Capreton-Hossegor-Seignosse）海滩简直是犯罪行为，而且现在"威望号"泄露的石油也正威胁着我们。

这个倾倒计划的组织者不乏幽默感：在多功能城市组织（SIVOM）的宣传材料当中，还有丢弃物的"环保管理"项目，内容包括两点："限制倾倒物向北扩张"（即卡普布雷通、奥瑟戈、塞内奥斯地区），"可以让倾倒物朝南扩散、横向扩散"——真的要感谢拉邦市（Labenne，倾倒物向南扩散可到达拉邦市）和卡普布雷通市（Capbreton，倾倒物横向扩散可以到达卡普布雷通市）迎接污染物啊！另一方面，负责倾倒项目的创海（Créocéan）公司还平静地宣布这一计划将"对环境有积极影响"。

　　我们不再抱有任何希望：这些泥土会严重污染海滩，影响当地动物，妨碍渔民与冲浪者，持续影响的时间难以估量。朗德地区的海滩是独一无二的财富，已经遭受严重侵蚀（有些朗德地区的沿海地区被侵蚀情况非常严重，在十五年后将彻底从地图上消失）。这片海域如同蓝色的黄金为沿海城市创造财富，吸引大量资本。应该尽力保护当地的自然环境，而不是将其当成最后的垃圾场。鱼类、冲浪者对环境非常敏感，将直接受到影响。冲浪者如同水生生物，是污染海域的预报员，尽管他们的行动方式与卡车司机不一样，但是同样产生积极结果。每个人的行动都会产生后果，我们的行动也一样。今天，海浪需要我们，一方面各个市政府积极筹备应对石油给海洋带来的污染，另一方面有些人为了处理垃圾决定继续污染海滩。这难道不是一对鲜明的矛盾吗？现在我们的海岸已经遭受威胁，加入另一重污染是否明智？人类在"威望号"泄漏污染之后又加入毒性泥土，结果会产生怎样的混合物啊？难道还要向饱受创伤的海洋倾倒垃圾吗？

　　很多人都觉得不该如此。

几天后，法国环境与可持续发展部成立了紧急反应办公

室，"跟踪事态发展，让国家相关机构对可能发生的法国海滨污染做好准备"。

环境与可持续发展部是否知道与它同样的"国家相关机构"在允许把有毒泥土倾倒入海呢？

2002 年 11 月一定不是令人欣喜的一个月，我们在 22 日纪念一位智者中的智者、我心中最重要的英雄——泰奥多尔·莫诺（Théodore Monod）逝世两周年。

我认识泰奥多尔·莫诺时，他的名望已经超出了小小的学者圈子。因为十分长寿，他在所有人的记忆中的形象是一个不知疲倦的老者，在翻越沙漠寻找难以看见的珍宝。人们很少见到他发怒的样子，他曾经因为有组织屠杀动物的事件怒发冲冠。当有人请他吃肉的时候，他答道："我不吃尸体。"他反对一神论宗教，觉得那是人类自大的根源，怒斥人类对自然的蹂躏。令人吃惊的是泰奥多尔·莫诺笃信宗教，相信宗教通过大爱能够升华所有难以容忍之事。他追随亚西西的方济各（François d'Assise）[①] 的步伐，写下了这样的话："我们应该学会尊重所有形式的生命，绝不要无缘无故损坏任何一株草、一朵花、一个动物，所有的生物都是神创之物。"

我非常欣赏泰奥多尔·莫诺的热情，乃至他的怒火。他

---

① 亚西西的方济各（1182—1226），意大利天主教修道士，方济各会创始人。

始终保持一颗年轻的心，精神与肉体都青春永驻，多么美妙啊！泰奥多尔·莫诺勇气十足地迎击毁谤他的人："乌托邦是我们还没有尝试的路。"泰奥多尔·莫诺是一位真正的大师。

泰奥多尔·莫诺始终坚持自己的信念，1999 年 8 月他在九十七岁之际用自己的方式纪念广岛原子弹爆炸 54 周年。除了其他的活动，他在塔夫尔尼（Taverny）军事基地附近绝食三天，要求废除核武器："对我来说基督教时代终结于 1945 年 8 月 5 日，8 月 6 日我们迈进了新时代——原子时代、核弹时代。"

为了纪念泰奥多尔·莫诺的诞辰，我给《科学与自然》（*Science et Nature*）杂志寄去了一篇文章：

> 泰奥多尔，我希望你说错了。
>
> 这期杂志出版之前，是令人伤心欲绝、心灰意冷的重大时刻。
>
> 为什么伤心欲绝，因为环保主义失去了泰奥多尔·莫诺这位大师、这位人道主义最杰出的代表，他的智慧与精神傲立于世。这位令人感动的大师一直寻找新的知识，是环保事业的先驱，他对环境的尊重首先通过对人的尊重体现出来，反之亦然。泰奥多尔·莫诺离开了我们，但是如同天空中的繁星一样，他的光芒继续照耀着我们，指导我们的精神。我怀疑他在 98 岁的时候（即 20 世纪

结束之际）去世，为的是不要看到曾经关于地球最悲观
的预言在 21 世纪成为现实。

我感觉心灰意冷。回到马来西亚附近的婆罗洲
（Bornéo），我觉得现实要比曾经预言的最坏的情况还要
糟糕：在短短的十五年时间，全球上最美的一片热带森
林被砍伐殆尽，马来西亚与印度尼西亚之间 60% 的共有
森林被毁。这是一场彻底的大毁灭，简直让人作呕。以
开发珍贵树木为名，人们摧毁了周围的森林，连让森林
能够重生的腐殖土也一道遭遇灭顶之灾。在这片生物多
样性极其丰富、充满热带珍宝的森林原址上，人们栽种
用于生产植物油的棕榈树。人们把森林丢给大火吞噬，
甚至有时故意放火烧林。这种毁坏行为表现出人们缺乏
中长期目标，其实完全可以选择性砍伐珍贵树木，保护
好环境让树木重生以便今后再开发利用，可是，人们却
选择彻底毁灭了这片森林。

人类本来可以找到其他的方法，可是实际的做法却
让数千种植物、动物彻底消失。

可见，人类不仅贪婪而且愚蠢，人类的行为无异于
砍断承受自身重量的树枝。

与一些人的见面给我带来更多的收获，我刚刚提到了泰
奥多尔·莫诺，除了他之外，与保罗 – 埃米尔·维克多（Paul-

Emile）、于贝尔·雷弗（Hubert Reeves）相见是为数不多让我欢欣鼓舞的会面。通过文字我还认识了今天人们公认的两位环境保护先驱：勒内·杜博斯（René Dubos）、让·多斯特（Jean Dorst）。勒内·杜博斯让人们意识到问题所在，他说过一句话，"应该从全局考虑，从局部入手。"今天往往被人篡改原意。勒内·杜博斯的《鸟没有从天坠落》（*Les oiseaux ne sont pas tombés du ciel*）、《在自然死去之前》（*Avant que Nature meure*）两本书让我睁开了双眼，看清了地球的命运。我的基金会曾经考虑为这本预言性的书籍撰写续集《当自然死去的时候》（*Pendant que nature meurt*），后来由于勒内·杜博斯离世才作罢。想到勒内·杜博斯拖着羸弱的身体，拄着拐杖与泰奥多尔·莫诺共同参加基金会初期活动的场面，我激动的心情难以抑制。他们是环保界的泰山北斗，出席我们的活动不但令我感动，更让我的工作愈加顺利。这种低调地把环保火炬传递给后来者的方式，鼓励我们绝不能放弃斗争。

不过，如果我说从严格意义上讲这些思想家没有教给我任何东西，这样的言辞是不是显得我骄傲自负呢？我对环保的坚定信念是来自我自己，来自我的旅行和我的观察，而不是来自书籍。我仰慕的这些人与我的经历完全不同，他们与我的信念相同，他们使我的战斗更加有效、更加丰满，这让我对环保事业的信心更加坚定。学识要通过经历才能成为属于自己的知识。我的生活首先由各种经历组成，然后通过书籍获得学识，验证我的经历。我通过阅读书籍与作者达成的默契和精神上的联系，远远超过传统意义上的学习。

虽然科学家没有向我敞开大门，但是他们为我指引了道路。在基金会环境监测委员会开会期间，我始终觉得仿佛身处大学之中，我为能够学到这样的知识而骄傲。我的道路与最出色的大学科研工作者的道路相遇，同他们一道，我继续向目标前进：通过差异与互补达到协同共生的目的。

怎么能够想象出另外一种策略呢？理解症结所在不是问题，所有人都持相同的观点。当然，我有时在与他人见面时说，你可以不翻开面前的文件，但是，只要你翻开文件，看到内容，即使你是企业家，即使你坚定地支持消费社会，你一定会得出和我一样的结论。几天前，欧莱雅公司的二号人物来到我面前说："通过你的分析，我觉得你说得很有道理。不要怀疑我的真诚，请相信我。"如果他这番话不是发自肺腑，他何必这么做呢？欧莱雅公司不需要我们，恰恰相反，我们需要他们的帮助。法国国家电力公司（EDF）是我们基金会的另一个赞助单位，与我们一同组织名为"接入"（Access）的援助项目。这个项目是在非洲一些无法通电的地区，通过水力发电、风力发电、太阳能发电提供电能，同时通过经济手段让环境财富更具价值。具体方法是什么呢？我们观察当地根据传统方法生火、照明的费用，然后保证用相同的花费维护新的发电方法。的确这算不上大幅进步，但是从长远来看我们正在步步为营坚定地前进。

我们希望把基金会打造成一个教育工具，提供各种各样的行动选项，让人们可以做出选择，可以通过基金会得知地球的状况。基金会有一台大客车、一条船、一所生物多样性的学校，还有一个网站实时与公众直接沟通，领导具体行动。比如，在"SOS 洁净海洋"（SOS mer propre）行动中，除了发布行动消息之外，基金会还召集了渔民、商业港口和游船港口负责人、海事行政部门、法国帆船协会共同制定措施。现在，帆船教练可以接受环保培训，然后再把培训内容传授给自己的学员。与赛特港（Sète）的渔民签订协议，请他们不要再把固体垃圾倒进海洋，配备陆地上的相应工具回收垃圾。任何希望组织学生进行环保竞赛的老师可以在我们的网站上找到相关信息。这样，积土成山、集腋成裘，这些小行动日积月累必然增强人们的环保意识，改变人们的行为。

面对外界给予我们的经济帮助，我们的态度很明确：保证我们的独立立场和自由发声的权利。给予我们经济帮助的机构不得要求回报，比如不能要求我们为其提供服务。那么为什么不优先申请公共资金呢？理由很简单，因为私有资金并不会给我带来困扰。我觉得请企业帮助的做法非常合理，因为它们给环境带来了伤害，所以企业应该资助环保事业。另外，我坚信一个原则：一些环保团体组织活动，狠狠痛斥污染企业与现有制度，向其宣战，这种方法有时能够取得一

154　　些效果，但尽管现有的各种制度很招人怨恨，我还是选择与现有的制度合作，我不会寄希望于这些制度自行消失，然后诞生完美新世界；我觉得应该彼此搭建桥梁而不是把分裂双方的鸿沟挖得更深，我们应该更多地去看他人身上的闪光点而不是单纯地去指责别人。

　　理想主义的目标与实用主义的方法之间，我的最高价值准则始终是平衡。我的信念简单而明确：如果我们放任资本主义随意发展，那么改变它又有什么意义呢？如果我们严厉谴责资本主义不提供矫正机会（我们并没有足够的证据和力量这么做），资本主义会把我们碾碎，然后变得更加自大。只要我们不从正面迎击资本主义，而是迂回前进达到目的，资本主义会为了适应我们而做出改变。因为一切系统都惧怕没有实际内容的空泛之谈，所有的资本家都愿意适应不断变化的世界。我认为妖魔化企业是毫无建树的行为，其实在很多人眼中，企业才是解决问题的捷径。在基金会成立初期，罗纳·普兰克（Rhône-Poulenc）①为我们提供了帮助，很多人为此大肆攻击我们。我用一个问题回应了这些攻击："如果你头痛，那怎么做？"对方回答："我吃一片多利普拉那（Doliprane）②。"我立刻指出："这是罗纳·普兰克公司的产品。"

---

　　① 罗纳·普兰克是法国一家化学制药公司。

　　② 多利普拉那是以对乙酰氨基酚即扑热息痛为基础的药物。

要做事情的时候应该接受必须付出的代价，环保经验告诉我们：天上不会掉馅饼，请现实一点。我们既不应该认为私营公司纯洁如天使，也不应该认为私营公司邪恶如魔鬼。让这些企业参与到环保活动中来，用各种方法迫使它们采取对环境更加负责的措施。即使让这些企业大出风头也没关系。如果企业走出错误的一步，那么让它体会到自己导致的痛苦结果。与生物一样，企业对自己做出的选择要承担责任。从长远看来，我坚信一点一滴的突破会逐渐演变成彻底的思想改变，最终改变企业的行为。

2002 年 11 月 26 日，在巴黎的布里斯托尔（Bristol）酒店花园里，冬天的气息似乎已经到来。在这座奢侈华丽的酒店里，周围的生活显得缥缈而虚幻。在花园对面的玻璃阳台上，通过《巴黎竞赛》（Paris Match）周刊的帮助，我得以采访一位著名人物，此时我全部注意力都在这位名人的身上。

他就是米哈伊尔·戈尔巴乔夫（Mikhaïl Gorbachev），这是一场严肃的会面。我说道："您像曼德拉一样，用外力改变历史前进方向，这让我印象深刻。"戈尔巴乔夫微笑着，或许他想起了我拿他与曼德拉对比，于是说道："我也一样，生活非常艰难。不过舒适的生活不会催生思想与信念，这就是为什么应该让年轻人经历苦难。"

戈尔巴乔夫的经历让人惊叹不已，他曾是一位国家级大人物，在掌握国家政权的时候曾经为环境保护做出努力。"政治透明"这一词也代表环境方面的透明。于是，当时有 1300 家污染工厂关门，出台了苏联最为严格的环保标准。我请戈尔巴乔夫评论一下当今世界上存在的社会主义体系和资本主义体系，他并没有把这两种制度对立起来，因为不论是计划经济还是追求利润，最终结果都是生产更多的产品。他对这种物质至上和无限追求消费的做法表示了不满，认为解决方法只能是提出合适的问题，找到合适的答案。戈尔巴乔夫一直微笑着说："当公民开始思考的时候，国会与政府也开始思考。"很遗憾，公民们现在没有进行足够的思考，为了冷战调拨的巨额款项和当时的军备竞赛并没有消除贫困，也没有让人类的生存条件得以改善。

1992 年，戈尔巴乔夫创建了"绿十字协会"（La Croix verte），这是一个环境保护协会，其工作重点是资源保护。戈尔巴乔夫作品的题目表现出了他的雄心：《我为了地球的宣言》（Mon manifeste pour la Terre）。人们很难不赞同他的想法，他说："我常常想起约翰·肯尼迪（John Kennedy）总统预言式的讲话：'今天我们来到了新的边界，边界另一边出现了未知的诸多可能与危险，没有实现的威胁与希望。'"

戈尔巴乔夫的直觉之所以变成清醒的认识，戈尔巴乔夫之所以成为今天最著名、最出色的环保大使，还由于他的另一个行为，即从权力斗争中走出来。他经历过最激烈的斗争，经历过苏联的解体，现在开始从长远角度看待问题。他说，在中世纪人们可以连续几个世纪修建一座大教堂，今天谁还拥有同样的勇气？我们两个人都认为今天最壮美的教堂将成为明天的精神象征，因为这样的教堂代表了不可摧毁的意志。他在书中引用过美国谚语："我们不是从父母的手中继承了地球，而是从儿孙的手中暂借地球。"我告诉他勒内·迪博说过类似的话语，我在上文引用过，这样的想法成为我们的共识。如果这不是永恒的真相，与我如此不同的人物不会有同样的想法。

现在，我们难道不该打下大教堂的第一块基石吗？

【普罗旺斯站】

我在《普罗旺斯》日报上读到一篇令我欣喜的文章，即《与狼相伴的快乐牧羊人》。

我们专门以狼为主题的专栏继续引起读者的反响。拉雅维耶（La Javie）的牧羊人让·瓦尼埃（Jean Vanière）习惯了在凯拉斯（Queyras）让牧群过夏，他是个热爱大自然的人。下文是他讲述的自己的经历：

"我是牧羊人，但我非常尊重大自然。在广阔的田野中，狼、狗、羊都应该有自己的位置。我熟知凯拉斯，在那里曾经在多处山峰与高山牧场生活过。

我在福尔方德（Furfande）高山牧场和一群牛度过三

158

年时光，在那段时间里与很多出色的人一起生活。有很多真正的猎人，也有不少让我永远难忘的偷猎者，我曾经与偷猎者唇枪舌剑地交锋，还在法律的帮助下和他们做斗争。很多岩羊被猎杀，但是似乎人人对此都漠不关心。

冬天积雪很厚的时候，从阿尔威厄（Arvieux）出发的贝阿尔（Béal）岩羊群来到此地过冬时，猎人会给岩羊草料，帮助它们度过难熬的日子，但当地游荡的狗会攻击岩羊，人们则对此袖手旁观。

我曾经在赛拉克（Ceillac）的'黑森林'过夏，我拿着木棍看护市镇的牧群。晚上，我把牲畜关进小木屋前的栅栏里。如果夜里牧群移动的话，我经常起身查看。我的工作就是看护、救治、保护牲畜，防止那些两足与四足天敌的攻击，预防那些没有廉耻的人驾着两轮或者四轮车辆偷走牲畜。

不要装穷了，养殖户能够得到各种补贴……我不会忘记那些看护犬，有些机构把这些狗放在夏天牧场，给这些狗提供食物。

这些狗不会咬游客，它们保护牲畜对抗掠食者。在高山牧场有很多看护犬，它们并不属于这个人或者那个人，它们属于所有人，属于游客、猎人、牧羊人、养殖户。人们可以在此旅游，同时尊重大自然，尊重那些在高山牧场安静生活的牲畜。

　　游客应该拴好自己的狗，让狗远离牧群，不要让狗从牧群当中穿过！

　　……在高山牧场上牧羊人需要独自面对各种问题，雨天、雷暴、雪、雾，骑着摩托车、山地车或者开着越野车的远足者，让自己的狗随便乱跑的游客。对我来说，狼不是敌人，它们非常聪明。人们在很久以前让狼经过很多代的繁育，获得了现在人人喜爱的狗。我很喜欢狗，我认识的所有牧羊人都喜欢狗。

　　我的祖父母是养殖户，我的叔叔是农民，他们对自己所做的工作非常骄傲，当时他们从来没有收到过任何补助。虽然生活艰难，我也从没有听过他们抱怨。谈谈我们作为牧羊人的工作吧，我们热爱这份工作，但是这份工作绝不简单。

　　有些养殖户尊重我们，有些则狠狠压榨我们，不和我们签订工作合同，只给最低工资，向税务部门只申报我们是'季节工'，每年工作100天，因为这样的话他们缴纳的税金就要少得多。我们看护羊群、牛群，尽管工作辛苦我们依然热爱。我们为自己骄傲，即使与狼共同生活，我们依然感到幸福。"

　　毋庸置疑，很多被遗弃的狗和猎人的猎犬给牧群带来的伤害比狼带来的伤害更严重，而几年来媒体对狼的报道却不绝于耳。

与其对这些可怜动物的遭遇大声哀叹，感情丰富的人们不如多关心一下所有人都习以为常的残酷对待动物的方式，其中有些以传统为名始终存在于世，比如斗牛、马戏、动物园。人类不仅仅满足于践踏动物的领地，还以玩弄动物为乐。人类对待动物的方式"如同对待牲畜"。人们常常看到在炎热的夏天一卡车的牛或者羊挤在一起，当卡车到达目的地，打开车门时，总有两三头动物因为缺氧或者踩踏死亡。想到这样的丑闻，我为人类感到耻辱，我并不为自己有这种耻辱感而羞耻。因为如果人类没有耻辱感，没有感情，那么人类和其他生物恐怕没有任何区别。作为人类怎样来证明"我"才是文明的生物呢？难道是打击遵循食物链规则捕猎羊的狼？难道是在狭窄的空间密集养殖动物，在糟糕的条件下运输牲畜，对毫无抵抗能力的动物进行试验，屠杀成群的动物？

灭绝的动物种类如此之多，很多种类我们都来不及清点。离我们很近的比利牛斯山脉羱羊在2000年左右灭绝。在非洲、印度尼西亚，所有大型动物都因为人类在它们领地上的扩张遭受威胁。鲸在很长时间里能够平静地生活，可是人类又要重拾捕鲸活动了，即使要在一些条件限制之下进行。当一种野生动物自然回归的时候，例如，比利牛斯山脉的野狼，人们立刻开始警觉，拿出格外旺盛的精力进行防御，其实完全可以把这些精力用于其他更有意义的领域。

由于以上原因，我认为出台有关动物生存状况的法律非常有必要，因为我们不能接受动物现在遭受的命运。不要给动物造成任何不必要的痛苦，这应该作为一条不可触碰的法律确定下来。同样，不论动物是否为异域的保护动物，媒体经常控诉的走私动物的这种恶劣行为也必须禁止。甘地曾经说过："一个国家对待动物的方式真实地反映出这个国家的道德高度。"

人类是一种奇怪的动物，他们会投入海量经费研发克隆技术，为几百万年前火星可能存在一种原始生命而感动欢欣鼓舞，为了可能重新创造出已经灭绝的猛犸象而鼓掌欢呼，而同样的人类却对身边正在发生的动物死亡事件不闻不问。非洲狮子感染了一种神秘形式的艾滋病，它们身上还有犬瘟热、结核等等。[人们也许会惊呼：]天啊！尼古拉·于洛，你说的这一切太可怕啦！希望这些在马戏团表演的野兽不要感染我们的小孩啊！

第九章
与土地共生

2002 年 12 月 12 日，在哥本哈根欧洲峰会上，欧盟专员弗朗茨·费舍尔（Franz Fischler）抛出了一份严格的提案：严格削减允许捕鱼总量，减少 80% 鲜鳕鱼捕捞量、70% 非洲鳕鱼捕捞量、30%～40% 其他鱼类捕捞量。该提案在法国、爱尔兰、西班牙、意大利、葡萄牙、希腊立刻引起一片抗议之声。

尽管很久以来科学界对未来的预计仍然乐观，但是现实表明鲜鳕鱼总量正在迅速减少。在 20 世纪 90 年代中期，隶属于联合国的粮食及农业组织已经发出警告：全球 44% 的鱼类储量已经达到产出量的极限。经过二十几年的捕捞，今天作为关键鱼种之一的大西洋北海鳕鱼生物量已经变成了原来的三分之一。受到影响的不只是温带水域，依据《自然》杂志的报道，非洲中部淡水湖坦噶尼喀湖因为气温升高，生产能力下降 20%，捕鱼量下降 30%。

长时间以来人们认为海洋有完全再生的能力，但是实际情况正好相反。海洋中海产品最丰富的地方位于大陆架（Plateau Continental），人类捕鱼多在此处，而大陆架的面积有限。然后就是远海，这里面积广大，但是海产资源贫乏。再加上人类捕捞技术不断发展，破坏自然环境的捕捞方法越来越多，自然资源储备降低速度加快。其他令人担忧的迹象也开始出现，警示人们灾难即将来临。几年来，人们在船底平衡重心的压舱海水中发现了来自其他海域的生物。因为全球气候变化，以及洋流出现轻微的改变，这些生物离开自己平时的栖息地来到其他海域，打破了原有的生态平衡。接下来产生的多米诺骨牌效应可能会对大自然产生严重影响，某个地方出现的轻微生态失衡可能导致其他地方的严重灾难。

不但现实情况非常严峻，而且人们的集体心理障碍更加难以逾越。在我们的国家，渔民和农民长久以来拥有特殊的社会地位，米什莱（Michelet）①曾经这样形容渔民与农民："他们的生活充满艰难，面对各种巨大的风险，收益极其有限。"社会对这些职业的敬重合情合理，一个人从事这些职业要花费巨大的力气，克服重重障碍养活整个社会，这些职业逐渐成为具备特殊社会身份的职业，人们绝对不能触碰。于是媒体与政界领导谈到渔业和农业的时候极其谨慎，批评这

---

① 儒勒·米什莱（1798—1874），法国历史学家，被誉为"法国史学之父"。

164 些行业如同撼动神殿的支柱一般。

然而，各种问题切切实实地摆在面前，各种数据都可以证明。问题的根源在于自然资源的迅速消耗，以及渔业捕捞技术和大型企业的需求产生浪费，再加上污染导致的损失。于是以上各方面问题的例子不胜枚举，严重程度让人看了心惊胆战。我在这里略略写出几个。关于污染问题，根据法国环境研究院（IFEN）的材料，倾倒入法国河流的杀虫剂每年达到数十吨，然后进入海洋；生态系统平衡的破坏导致各种问题，比如海藻疯长扼杀了其他植物等等。关于浪费问题，在加斯科涅（Gascogne）海湾工业捕鱼区域，渔船使用的渔网长度限制是 75 米！人们扔掉的鱼比捕捉带走的鱼更多。关于消费问题，鲑鱼从前是野生鱼类，属于奢侈食品，现在却常常出现在超市中，价格甚至比火腿还低。这些鲑鱼从何而来？这些吃饱了鱼粉的鲑鱼来自人工饲养鱼塘。

现在给各位读者出一道小学算术题：5 公斤鱼可以制成 1 公斤鱼粉，把一条中等大小的鲑鱼养肥需要 5 公斤鱼粉，那么为了养肥一条中等大小的鲑鱼需要捕捉多少公斤鱼？答案是 25 公斤。

积极乐观的养殖企业可能会说：

——你这是恶意中伤，这些捕上来的鱼并没有完全被加工成鱼粉喂养鲑鱼，其他的部分都被回收了，你应该满意吧？

——是的，这些鱼的确没有浪费的地方，剩下的部分被加工成工业化养殖的猪饲料和鸡饲料了。

——我们严格监督鲑鱼养殖，为了防止出现各种缺乏性疾病，我们给鱼抗生素。

——当然，消费者食用这些鲑鱼后抗生素进入人体内，削弱了人体的免疫力。波德莱尔（Beaudelaire）写过这样的诗句："海洋是你的镜子，在海洋流动的刀锋中你可以凝视自己的灵魂。"

——我们在谈论养鱼，为什么突然引用诗句？

——为了提醒你不要忘记最基本的东西，因为诗人给出的诗句可以有双重理解。海洋一方面是我们的母体，所有的生命都从海洋而来，另一方面能够反映出我们的未来。践踏海洋就是践踏我们自己。

——你知道，我对诗歌的意境不感兴趣……

——既然你这么肯定就保持你的乐观吧，我喜欢这首诗歌。或许你说的对，当下是伟大的时代，除非现在的时代已经到了如此荒唐的程度，我们没有意识到。

有些证据容易让人蒙蔽双眼，我们很难承认；让人蒙蔽双眼的东西可以用语言表达出来，但我们没有办法看见它们。然而其他的解决方法很简单：即使现在还不能减少部分鱼类的捕捞，那么应该努力制定帮助渔民的社会支持计划，做出后备方案，因为目前环境的现实迫使我们必须这么做。为什么犹豫呢，除非我们自欺欺人。矛盾的地方在于：全能的人类现在已经表现出能力的极限了，人类通过实现意志来展现荣光已经变得非常困难。换句话说，我们现在需要自己的能力，需要自己的想象力，但人类不愿意使用。

全能人类是有极限的，鱼类总量也是有极限的，而人类捕鱼的能力不断完善，每天这两个参数的曲线相距越来越远。我们应该怨恨弗朗茨·费舍尔从无可辩驳的事实中推导出的经济、社会后果吗？他的警告出自专业技术的思考与推论，完全出于善意。如果我们不采取任何措施，很多鱼类灭绝，那么，将来我们必须减少的捕鱼数量不是 30%～40%，而是100%。

法国与南欧国家用最简单的方式做出了回答：我们什么也不做，绝不会牺牲渔民来符合欧盟标准。不过，相关问题的数据分析值得进一步研究。部分捕捉的鱼类中，10% 的专业人士能够产出 50% 的产品。那么目前的情况下继续保护有什么益处呢？在农业领域，表面上统一的农业团体背后隐藏着生产资源与方式的极度不平均。渔业和农业的另一个共同点是浪费现象严重，在前文中我已经提到了把捕到的鱼扔回大海，网眼过于致密导致捕捉到一切海产品的情况，而且渔网无法使用后人们会毫不犹豫地将其割断扔掉。我觉得凭借人类的智慧完全有能力研发出更加合理的工作方法。这些勇敢的声音应该发出双重信息：一方面针对问题做出严格判断，另一方面为处在危机之中的行业找到出路。

让问题更加复杂的是，我们无法正常剖析症结所在，因为其中掺杂着过于沉重的感情因素。法国前总统蓬皮杜曾经说农业与核能是哺育法国的两个乳房。依据今天的情势，必然还要加入渔业。这样的象征让人难以做出改变。五十年来，社会促使农业工作者与渔业工作者用更低的成本生产更多的产品。为此，给两个行业过分的装备，把它们封闭在金融罗网中，于是产生了激烈的竞争，只有最强者走到了最后。能够走到最后的人都负债累累，因为只有这样才能满足整个体系的过分要求。农业和渔业完成了艰巨的任务，承担了重大责任——让法国能够粮食自给，而且创建了世界上第一个农产品加工产业。但是，同一个法国社会却对从竞争中胜出的幸存者加以指责，把各种环境灾难归咎在他们头上。一些绿党和技术至上人士批评农业、渔业生产者，这些言语和多年来社会上对他们的评价完全相反："伙计们，不要再污染了。用另一种方式生产吧，即使收入下降也在所不惜。否则你们就只能倒闭。"所有生产者都认为这样的结果让人难以接受，我也难以理解这种简单粗暴的做法。如果我是农民，有陌生人向我说这样的话，我一定拿起锄头，让这些西装革履的家伙滚回城市去，留下我们自己安静地生活。

其实，现在最常见的两种观点毫无用处，而且非常不公正：一种观点觉得农业和渔业神圣不可侵犯，我们绝对不能改变；另一种观点严厉斥责农民和渔民，称他们应该为各种问题负责。面对这两种正在风口浪尖上的职业，城市人似乎只有两种选择：或者认为他们高贵，或者认为他们卑贱。我觉得理性的做法是不要隐藏事实，在彼此尊重的前提下进行对话。要对这些勇敢的劳动者说：

> 你们做了很多工作，给我们的国家帮了大忙，请允许我们代表法国感谢大家。现在社会需要进行一次改革，生产方式从以前以数量为重改成现在的以质量为重，只有在你们的协助下才能完成这次改革。我们知道你们自己不能独立支撑，所以我们大家需要坐在桌子前，分析现状，商讨每个步骤要达成的目标，确定合理的期限，为大家解决资金问题，进行必要的转变。

这样城市和乡村、农民与消费者之间才能建立起彼此相信、相互尊重的关系。这样当下有些误入歧途的农业和渔业才能重新步入正轨，赢得社会的敬仰，这才是合理的、进取的解决方法。不应该使用危险的方法，比如通过补贴生产者的方式，把产出的大量剩余产品倾销到第三世界国家，导致这些国家面临难以控制的局面。

我们要完成的任务非常艰巨：满足人口对食品的需求，平衡经济发展，保护环境。绝不能像本丢·彼拉多（Ponce Pilate）①那样做事情，绝不能仅仅代表农业和渔业发声。每个国家、整个欧洲乃至每个人，所有方面都应该共同努力，帮助农业和渔业转型，必须做到各行各业团结一致。消费者应该意识到问题的关键所在，重新考虑自己的需求。如果需要的话，接受农渔产品价格的提高。在所有人的协同下，在十年到十五年之后，我们可以进行第二次绿色革命。这就是农民面对的重大挑战，农民必须转变，不能再单单为了利益工作，要加入转型中来。大多数农民饱受当前的农业制度与政策之苦，我相信他们很愿意加入转型之中。现在的指导思想是更多地生产，不惜付出严重的代价：让土地更贫瘠，污染水源，向大气播散有毒气体。这种工作绝不是农民们希望从事的工作。

我偶尔会听到人说，当今已经很少有人寻求智慧，这样的行为在生产与消费为王的科技社会中没有位置。

这种说法未必正确。想想阴阳平衡之道，任何一方过分发展都会遭到对方的制约。我觉得在当今社会中，寻求智慧

---

① 本丢·彼拉多（？—公元 41 年）是罗马帝国犹太行省的第五任总督、罗马皇帝在当地的代表，曾经判处耶稣钉十字架之刑。

的能力应该比任何时候都强大。

人们可能并没有意识到，我们接收到的信息过分丰富，重要信息被淹没在鸡毛蒜皮的花边新闻当中，真正有价值的新闻很难在转瞬即逝的无聊报道中崭露头角。FM 广播波段几乎挤满了电台，电视上无处不在的画面，书籍出版数量从来没有达到今天的程度。只要走进一家报刊亭，琳琅满目的报纸杂志几乎令人头晕目眩。信息如雪崩一般滚滚而来，我们身在其中几乎被彻底埋葬。过多的信息反而扭曲了事实，甚至让人消息闭塞。

怎么才能想象爱情与智慧这两个哲学词汇可以在当今的世界中杀出一条路？在最近的小众媒体中还闪耀着一丝智慧的光芒，除此之外我们把智慧置于何处？在电视演播厅里，几分钟的妙语和大笑能够让智者传递他的信息吗？剧院上演的戏剧如同筛网一样，沉重而有意义的内容难以通过，只有如尘埃般轻浮无味之物能够落到地面，在人们践踏之后就完全消失在大气之中。

我并非与众不同，有些日子大量的信息阻塞了我的视野。2002 年春天，在从各界朋友那里来的信件和电子邮件中，我注意到了皮埃尔·哈比（Pierre Rabhi）这个闻所未闻的名字。通过阅读我得知他曾经准备参加总统选举，在 58 个省中获得了 184 个支持签名，没有得到规定的 500 个签名，最终没能参与竞选。不过，他在全法国二十多个城市召开过有数百人参加的公共集会。但是，皮埃尔·哈比这个人，还有他的生活、想法、活动，我当时一无所知。

过了一段时间，关于他的档案越来越多，我不禁产生了兴趣。这位前总统候选人并没有放弃战斗，现在还在呼吁人们"唤醒良知"。我很欣赏他的做法，他不走寻常路，往往直奔主题。在阿尔代什省（Ardèche），这位陌生人周围正在发生着与所有人相关的事情。

正如生活中很多事情一样，我偶然有了加深了解皮埃尔·哈比的机会。在上普罗旺斯阿尔比斯省（Alpes-de-haute-Provence），有人给了我一本皮埃尔·哈比的书，《土地之言：非洲启蒙》（*Mon manifeste pourla Terre*），我读了起来。

我立刻与这本书产生了共鸣，然后买来他所著的其他书籍阅读，还发现了他的网站。我立刻明白，尽管我们两人所走的道路不同，但是我们的目标一致。我对他的书非常喜爱，不久之后他的作品成了我携带的必读书之一，为我在机场登机的行李增添了重量。虽然我与皮埃尔·哈比素未谋面，但是我觉得似乎已经相识很久，于是不遗余力地向周围的人推荐他的思想，很多迹象表明我绝没有看错。

等到2002年总统大选结束和约翰内斯堡峰会闭幕之后，我给皮埃尔·哈比打电话希望见面。他的声音柔和，充满魅力。2002年12月，我前往阿尔代什省和他见面。在这片不毛之地，有人预言几年前就会发生农业灾难，今天这片土地却仍然哺

172 育着他。

他的家很简朴，他的家人也在：农场附近一所蒙台梭利教学法（Montessori）学校工作的女儿、他的妻子，还有几个朋友。皮埃尔·哈比消瘦矮小，行动低调，他缩在椅子里，脸颊、双眼闪耀着明亮的光芒，旁边有一只狡黠可爱的猫。我们两个人一见如故，共同度过了一整天的时间，安静地讨论我们的信仰和经历，鼓励彼此继续战斗。他介绍了活动中心，他在那里组织绿色农业的实习，向我解释各种技术问题及他与大自然的关系。他说，在法语中"人""腐殖土①""谦虚"三个词在远古时代拥有相同的词源，这种说法虽然难以证实，但是却为我打开了一个新的观察角度。夜幕降临，我们挥手告别，相约以后再见，保持联系，交换信息和想法。在门口，他眯起满含笑意的眼睛，目送我上车，最后挥手致意，我继续自己的旅程。

我又遇到了一名先驱者，心情非常愉快，如同给他的一本书作序的耶胡迪·梅纽因（Yehudi Menuhin）所说，他是"实际灵性的预言家"，他把土地治理得更加肥沃，留给了孩子这份绝佳的遗产。可以用一个词概括他：智者。

之所以称他为智者，因为他勇敢，他不断探索，他注重

---

① 腐殖土是指有机物经微生物分解转化形成的胶质物质，是土壤有机质的主要组成部分，占 50% ~ 65%。

实际行动，他经验丰富，他只有通过时间的多次检验才提出原则与建议。之所以称他为智者，因为他心存高远且脚踏实地。"土地"一词植根于他的言语中。谈到农业，他说："我们怎么能离开土地谈农业呢？"他永远声音平和，不带丝毫戾气。

他的个人经历非比寻常，证实了我所相信的原则：在各种挑战所带来的障碍面前，在各种悲观思想面前、在多种多样形式的单一思想面前，他始终能够取得胜利。与各种可以预见的发展方式不同，皮埃尔·哈比的成功如同他的房子一样，是一点一滴缓缓建成的。

皮埃尔·哈比生于阿尔及利亚，二十岁时来到法国，于1958年在巴黎定居。当时的生活对阿尔及利亚移民来说并不容易，他先是在生产线上工作，经历过种族歧视，做过令人变得越来越迟钝的工作。他结婚，离开了生产线，做了农业工人，后来去了阿尔代什省。在当地人怀疑的目光下买下了一块地，开始绿色农业种植和传统养殖。于是，奇迹出现了：他不仅养活了有五个孩子的家庭，还培训了不少实习生。他取得了非凡的成绩，在十几年后的1978年，成立了农业使用培训研究中心，负责环保农业项目。当时，大众还没有意识到环境问题，而二十四岁的皮埃尔·哈比非常有远见卓识，那时就已经意识到了这个问题。不久，非洲国家邀请他前往。这是他和我的一个共同之处：热爱非洲。布基纳法索

（Burkina Faso）^① 邀请他去工作，用皮埃尔·哈比自己的话讲，他如同"没有土地的农民一样"来到当地，帮助农民学习怎样使用世代相传的种植方法节约用水，教给农民轮作和怎样种植蔬菜让土地重新获得肥力。面对已经获得的成果，北非、东欧的国家乃至波兰、乌克兰等也邀请皮埃尔·哈比前去工作，法国很多地区创建的"优化农业模块"（module optimisé d'installation agricole）中心也向他发出了邀请。从 1994 年开始，皮埃尔·哈比主持"处处绿洲"（Oasis en tous lieux）活动，宣传返回肥沃大地的理念，重建社会联系。他写道："绿洲在此处既有实际意义又有象征意义，反抗由贪婪统治的世界中的品级与干旱。"因此，他始终关注在各个地方乃至沙漠腹地创建肥沃绿洲的想法，想让最贫穷的农民也能够做到食物自给自足。能够想象吗，布基纳法索整个国家只有十二亿法郎的预算，相当于巴黎歌剧院的预算。而这个国家的面积相当于法国的一半，九百万居民需要自己生活，养育后代。皮埃尔·哈比凭借堆肥方法，使用天然杀虫剂，让该国的马铃薯产量变成原来的五倍。

面对富饶的土地，人类把土地置于何种境地了啊？在土地上耕作的人又处于何种境地了啊？《土地之言》（*Parole de*

---

① 布基纳法索，西非内陆国家，整个国土位于撒哈拉沙漠南缘。

terre）这本书的"后记"撰写人、记者克里斯蒂昂·德布里（Christian de Brie）告诉读者，在美国，农民在银行负债已达2000亿美元；在欧洲，在农业领域创建一类职位需要动用数百万法郎，花费要比在其他任何领域创建职位都高。这种毫无道理的做法直接引人走向深渊，何时才能停止呢？

不久以后，如果再不注意，我们就会身处深渊底部。在皮埃尔·哈比的一篇文章里，他对广义上的生命循环进行了思考，矿物质是这个循环的终结，而非循环的开始，他写道："所有的生命最终都将变成矿物质，然后化为乌有。"所以，他谴责使用化肥和杀虫剂，而法国仅仅排在美国和日本之后，是全球第三大化肥与杀虫剂使用国。施加矿物质会让土地退化，应该寻找其他的答案，寻找别的方法。皮埃尔·哈比从不厚古薄今，但是他鼓励依据传统耕作方式寻求进步，因为"我们不可能在无知中改变世界"。

会面结束那天晚上，我回到家中，头脑中满是各种图像、语句、想法，足够让我在很长时间里慢慢思考，让我看到希望的曙光。皮埃尔·哈比的网站名叫"土地与人道主义"（Terre et humanisme），这个名字完美地总结了他的事业。让－玛力·拜尔特（Jean-Marie Pelt）以前对我说过他对这个小个子的崇敬之情。创建绿洲，做出突破，这么多环保工作拉近我们两个人的距离，如此多的战斗让我们惺惺相惜，我们的合作将来会走得更远。

我们终有一天必须反省农业产出率的问题。现代化农业使得生产回报率大幅提高，但同时导致传统的小型农产方式逐渐消亡。在法国，每十五分钟就有一户家庭农场消失，每年就有10万份工作直接或者间接随之消失，这种情况持续了四十年。然而，化肥的消耗量还以每年10%的速度增长。由于大量使用机械，农业被赋予生产可再生能源的使命，然而矛盾的是农业也是地球上消耗化石能源最多的产业。现在应该客观地清点一下了，集约型农业的花费以及相关污染导致的花费极其巨大。比如在2001年，普通小麦和1994年相比要多接受三种化学处理：两次清除杂草、三次抗真菌处理、一次喷洒杀虫剂。这个铁一般的事实刊登在法国农业部月刊《乡村 – 蔬果》（Agreste-Primeur）上，但是由于这个数字过于惊人，那一期杂志的发行推迟了两个星期。

至于转基因产品，独立科学委员会（ISP）在2003年6月发布了研究报告，这份经七个国家二十余名科学家合作推出的报告结果令人不寒而栗。报告中提到了至少十六项问题，各大企业试图让公众接受的转基因技术的各个方面都涵盖了。转基因技术绝不会提供人们期望的各种优势，恰恰相反，它把危险的基因引入作为食品的植物里，创造超级病毒，让细菌进入肠道菌群，等等。在报告的第二部分，这些科学家把转基因技术与可持续农业的优点进行对比，与皮埃尔·哈比见面时我们也就此话题进行了讨论。所有的解决方法都应该让我们走向另外的生产模式，不仅适用于发达国家，同样适用于发展中国家。

"一叶障目，不见森林"，我们不能犯下这样的错误。传统农业在西方国家近乎绝迹，但在全球范围内仍然是众多农民的生产方式，因为在十三亿农民中，十亿农民在生产过程中没有使用过机械动力甚至畜力，全凭人力耕作。农业学家、科技生态学奠基人勒内·迪博在去世前两年（即 1980 年）做出了如下分析：食品工业需要耗费 10 卡路里才能得到消费者餐盘中的一卡路里，3 卡路里用于化肥和偿还农业工具，这直接与生产相关；7 卡路里用于运输、保存、包装、产品促销以及其他附加工作，可见这种生产方式荒谬至极。

勒内·迪博走得更远，他通过观察发现在一些所谓的原始耕种系统中，投入一卡路里热量——也就是农民或者畜力生产耗费的能量，可以获得 5～50 卡路里热量的食物。答案显而易见：发达国家的农业生产方式荒谬、昂贵，收益率低得难以置信，而且对环境造成伤害。以前的农业产出能量，现在的农业消耗能量，尤其现在单一作物种植耗费了大量的肥料与补贴。

所以，勒内·迪博提出了著名的"五个 E 测量标准"①，他

---

① 在法语原文中，该标准的五个部分都是以 E 开头的单词。

认为该标准包含了建立现代有效环保制度的一切要素，因为每个 E 对应一项重要活动。经过了四分之一世纪，这份标准仍然具备全面的价值：

生态系统（Écosystème）：尊重生态系统，进行相应调整。

经济（Économie）：清除 90% 的污染物非常容易且花费低廉。

能源（Énergie）：计算食物产出的能量，即人类生产过程中消耗的能量。

美感（Esthétique）：重新在景色中找到美感，让美丽重见天日而不是把一切都当成有用的工具。

伦理（Éthique）：承担对自然与后代的责任。

当今世界中集约养殖的鸡出生后 27 天即成熟屠宰，应该怎样用智慧的目光看待这种"异常"的动物呢？在美国，一个科学组织甚至认为这种鸡不属于禽类，应该单独设立一个名称称呼它。

勒内·迪博的警示非常适合当前的情况。我们把世界分成了大片的单一种植区域，能源消耗在包装、运输、冷冻上等等，这种耗费的能源已经远远超过农业生产本身的需要。宿命论者被动接受浪费行为，看不到宝贵的隐藏经济机会。

我们必须解决运输和商品领域的问题，拒绝大型销售企业持续强加给社会的高压系统，以及产生大量生产、远距离运输的结果。

正确的做法是拉近生产与消费的距离。应该怎样做呢？从何处着手呢？产品上应该有清楚明白的商标，注明各种相关信息，这样每位消费者都可以给企业施加压力。多购买本地产品，不要购买从地球另一端运来的产品，这样的运输只会养活那些无用的、昂贵的行业。假如施加的压力足够强大，我相信销售企业会给消费者提供更加合理的选择。目前，农业种植的 50% 谷物都用于喂养牲畜，要知道一头牛可以为人类提供 1500 餐，而喂养一头牛用的谷物可以为人类提供 18000 餐，可见当前的体系多么奇怪。另外，如果少食用牛肉，那么原本种植谷物饲料的土地就可以用于种植其他更加优质的粮食作物。目前的饲料谷物消耗大量的水，侵蚀土地，过分使用机械，严重负债。喂养、食用不到一个月就长大的鸡，对于生产者、消费者、社会有什么益处？海量投资，禽畜压力过大，没有肉味，营养价值低，消费者则摄入化学物质，健康遭受威胁，各种负面结果纷纷出现。至于在世界另一端生产的番茄，我不相信其成本最终比临近村庄生产的成本更低。我们是否想到了发展中国家低廉的人工成本与社会保障的代价？与此同时，不购买本地番茄，会让本国生产者失业率增高。另外，还要加上集体承担的环境成本、运输和储存成本等等。

　　有些人认为应该用欧洲中心的思想来考虑问题。世界人口不断疯涨，怎样做才能在不使用集约型农业生产的前提下满足全球人口的需求呢？的确，数据值得人深思：2004年一个八十岁的人遇到以前所有人口都没有经历过的情况——在他的一生中世界人口上升到原来的三倍。在半个世纪的时间里，人类消耗的木材是原来的三倍，捕鱼量是原来的四倍，谷物消耗量是原来的三倍，化石燃料是原来的四倍。在法国，平均每公顷的谷物产量大约是8000公斤，最高值可以达到15000公斤，而非洲每公顷产量1000公斤。看起来工业化生产的结果的确惊人，但是人类是否能够保证自己的科技不断进步，土地是否能够持续保持这种产出率？有些人会说在一些生产领域中，储量随着消费量的增长而增长，比如石油；还有些人觉得我们低估了自然资源的实际蕴含量。不负责任的乐观主义认为土地与海洋的再生能力无穷无尽！在这种不明朗的情况下，我们是应该小心谨慎还是应该盲目乐观呢？不要总把目光放在证明人类强大的数字上，还是多看看人类的错误吧：目前，法国95%的河流和75%的地下水都遭到了污染。

　　人类的确取得了成果，但是同样造成了损失，"失之东隅，收之桑榆"，最终的结果等于两者互相抵消了。俗话说得好："不打破蛋壳就不能炒鸡蛋"，有得必有失，这种观点简单而正确。我提倡的不仅仅是减少破坏或者保护环境，而是重新恢复环境。我认为最重要的是和自然重新建立起早已经丧失殆尽的关系，人类与自然之间的交流要更具备道德感，而不是出自单纯的实用主义妄图控制自然。米歇尔·赛赫（Michel Serres）曾经用精确的语言表达了这一点："共生的权利在于相互之间的关系，自然给予人类多少，人类就应该归还自然多少，这是法则。聪明的人们从自然中索取，但是他们恢复自然原貌了吗？生产过程中人们从自然中索取，但是恢复自然原貌了吗？"

【马达加斯加站】

　　一天晚上，我们在马达加斯加南方靠近狐猴保护区的地方进行报道。所有人员在营地共进晚餐之后，每个人都回到自己的帐篷里。我凭借头灯的光线读书，突然天降大雨，可以一边读书一边呼吸着雨中土地升起的清香。我听着雨点打在帐篷上的声音，心情愉快，当然也有点担心，因为我们没有使用双层帐篷。

　　我竖起耳朵，雨幕之中似乎传过来缥缈的歌声，这是幻觉吗？我仔细倾听。

　　那是合唱的声音。

　　我被歌声吸引，走出了帐篷，在灯光的照耀下冒雨在泥泞中前进，朝歌声的来处走去。我并不是唯一被吸引的人，在夜色中我看到其他几束光在晃动，似乎也在寻找歌声的来源。

　　走了一会儿，歌声愈加响亮，一座教堂突然出现在我面前。没错，人们齐聚在这里举行宗教仪式。我走了过去，发现村民们齐聚在教堂前，正如社区教堂里的人群一样热情洋溢，他们面向天空在大雨中高歌，迎接大雨的降临。他们在感谢什么？天空？上帝？自然？不论感谢什么，他们正在表达谢意。他们没有诅咒干旱的命运，而是感谢自然的甘霖。

　　在我们的国家，谁通过歌声感谢过自然的恩赐呢？在与戈尔巴乔夫对话时，我们谈到了在西方有谁建筑过教堂献给我们的自然母亲了吗？——不论真正的教堂还是精神层面的教堂。谁能在平时就感到自然的宝贵，而不是仅仅在需要的时候才想到大自然呢？一旦紧急情况结束，回归平常的生活，人们就把大自然抛在脑后。如同在电影中一样，只要结尾大团圆，观众就都非常满意，但是没人想着要去鼓掌。在大自然的舞台上要是没有演员了，鼓掌又有什么用呢？

第十章
人类是否在走向消亡

2003 年 1 月 4 日，我收到了朋友的电子邮件：

在"诗人之路"年开始之际，我把越南僧人释一行
（Thich Nhat Hanh）法师的诗句送给你。他已经在法国避
难三十年了，1967 年在马丁·路德·金的推荐下获诺贝
尔和平奖提名。

真正的源泉

我在哪里能找到喜马拉雅山脉？
在我心中，那座高峰雄伟而优雅，
屹立在雾里与云端，
一起走吧，攀登这座无名高峰，
坐在无岁之石上，蓝绿斑驳，

安静地望着时间编制丝绸之线。

谁创建了空间维度，

亚马孙河向何处奔流？

在我心中，一条蜿蜒的河流曲折远去，

我不知道河流在哪座山底流淌。

黑夜与白天，银色的河水

向未知的终点曲折而行。

一起走吧，在波浪中放入船只，

航行在汹涌的激流之上，

为了找到我们共同的路，

奔向万物共同的归宿。

我应该怎样称呼智人？

在我心中有一个小男孩，

左手抬起夜幕，

右手举着向日葵——他的火炬，

孩子的双眼是星星，

孩子的卷发在风中飘扬。

我们一起走近孩子问：

"你寻找什么？你去哪儿？

你的源泉在何处？"

小男孩依然微笑，

他手中的花突然

变成了鲜红妖艳的太阳，

孩子独自离开，

他的道路穿过繁星。

这些充满感情的诗句立刻唤醒了我的记忆。

我已经多久没有再翻开《赤足踏在圣地上》（*Pieds nus sur la Terre Sainte*）这本书了？书中的文章记录了来自欧洲的移民如何屠杀印第安人。我走到书架前，仔细寻找，找到这本书，翻开书，静静翻看着书中的照片、文章、注释……这是迈入新年门槛的完美礼物，当然，美国并非一无是处。即使出现了屠杀印第安人这样痛苦的事实，昨天和今天始终有美国人希望复活已经逝去的印第安文明，向印第安人致以敬意。

对于该书作者来说，这本书的出版已经就是一种形式的复活了。在 20 世纪初，一位纽约编辑发起了一项名为"北美印第安人"（The North American Indian）的疯狂计划，目的是搜集、保存已经被破坏殆尽的印第安文明的最后见证与照片。这项计划需要至少 30 年时间，总共推出 40 卷，一半是唱片录音，一半是文章与照片。这些照片出自爱德华·柯蒂斯（Edward Curtis）之手，他在美国大地上艰难跋涉，拍了四千多张照片，用留声机录制了一万首歌曲和宗教仪式，整个计划耗费了150万美元。这在当时是一个天文数字，但最终仅仅出版了270套。

人们很快遗忘了这套作品，直到20世纪60年代，一位年轻的女性人类学家泰瑞·麦克卢汉（Teri McLuhan）偶然发现了其中一套，于是开始追寻1952年去世的爱德华·柯蒂斯的足迹，找到当时接受采访的印第安人。那些老印第安人还记得当年的情景，看着泰瑞·麦克卢汉给他们展示那些已经泛黄的当年的照片，似乎回到了几十年前。一本以这一经历为主题的书籍出版了，它的法国译本在1974年出版，题目就是《赤足踏在圣地上》。尽管这本书印刷册数超过了270册，但是并没有成为畅销书。我很幸运地拥有一本，每次翻开这本书我都觉得如同开启一段魔法时刻。

在书中可以看到正在消失的世界的相片，印第安人首领、营地、满是雪的背景下两个骑手纵马飞驰……还有我非常喜欢的文章。比如黑脚部落印第安人的智者在离世的时刻给生命下了这样的定义："生命是黑夜中的萤火虫，是冬季野牛的呼吸，是草叶上细小的阴影，终在日落时消逝。"一个奥基瓦印第安人在前往祖母墓地的路上，凝望周围的景色说："大地的特点是孤独，荒原上所有东西都独自存在，眼睛不会混淆事物：山丘、树木、人。阳光温暖着后背，早晨眺望这片景色，人们会忘记比例的意义，想象力在此诞生，你会觉得万物初始于此。"

印第安人的言语中最常出现的是圆形，因为圆形象征初始与终结，结合诞生与死亡。圆形还代表了连接人类与宇宙的更广阔的视野，就如凡·高所说，"生命很可能是圆形"。一个印第安族人说道："你注意到了吗，印第安人做的所有东西都是圆形，因为宇宙万物依据循环的法则出现，所有东西都倾向于圆形……天空是圆的，我听说大地也像球一样圆，所有的星星也都是圆的。风在暴怒之时盘旋，鸟搭筑的鸟巢也是圆形，因为鸟类与我们有共同的信仰。太阳月亮升起、降落形成循环，而且它们本身也都是圆形。"

这本书中的文章和当今最激动人心的环保理念相比依然毫不逊色："所有的动物都是生命，我们应该感恩这种神秘的力量，我们应该对邻居谦让，即使我们的邻居是动物也应该如此，我们都是这片土地的居民。"这种想法始终具有旺盛的生命力，我认为："古老的印第安人充满智慧，他们明白如果不尊重土地上生存的植物与动物，最终必然不会尊重人。这样，他们让年轻人接受尊重自然的思想。"

我偶然间得知有人在厄瓜多尔屠杀了数百名印第安人，这种消息绝不会登上报纸头条。这些印第安人反对石油企业勘测，于是有人迫害了他们。这些人是谁？我不知道。虽然并不清楚谁是杀人者，但是受害者是谁却清清楚楚。在魁北克，为数不多的原住民如果胆敢就一些问题过分抗议的话，比如说抗议不尊重原住民居住地，政府就会派军队去镇压。

读到这样的消息，只有不切实际盲目乐观的人才能不受触动。电影《与狼共舞》（*Danse avec les loups*，1989）让观众感动，人们为这部好莱坞电影中印第安人的命运哭泣，但仅此而已。当今世界如同泰坦尼克号一样继续驶向深渊，船上的乐队依然演奏着音乐，这音乐无法驱走人们心头的惊慌，无法掩盖杀戮中受害者的惨叫。

这些印第安人消失了，但是他们的智慧依然存在，天使会身在其中吗？在《波尔图·莱格雷·达沃斯》（*Porto Alegre Davos*，2003）这部电影上映之际，身为农业工程师、经济学家的朋友弗朗索瓦·普拉萨尔（François Plassard）给我寄来了一篇文章，即《天使与画中的蘑菇》（*L'ange et le dessin du champignon*）：

　　一位天使在月亮的光辉下休息片刻，考虑应该怎样向其他天使介绍自己在宇宙中看到的东西。人人都知道，天使是良知领域的专家。

　　不过很少有人知道存在宇宙良知演变观测台，在这个领域里，天使也要参加各种考试、测验，提交评估、总结报告。

　　天使心想：我应该制作一幅图画作为提交的阶段性

报告。在地球上，人类选择了一种特殊的交易方式，用一种被称作"钱"的物品交换所有东西，怎样做才能使这份报告清楚地说明白呢？天使在旅途上不知听人说过多少次这样的话："不能用钱衡量的东西不是好东西！"

天使想到了一个好办法：画蘑菇！

天使用碳涂黑了小学生作业本上的 800 个小格子，代表人类用于战争的 8000 亿美元①。然后，天使用太阳风吹干的裸土把 400 个小格子涂成烈火燃烧的颜色，代表了人类在纸张、电脑、电视、卫星等通过言语诉苦的工具上消耗的金钱。接着天使又给另外 400 个小格子涂上颜色代表人类在毒品上的花费，再加上 400 个小格子代表人类在广告上的花费！人类能够把欲望、创造力、自由都转化成商品，这真的是一种艺术啊！天使一边翻看着联合国开发计划署（PNUD）的正式报告，一边发出感叹。天使从这些报告中找到的各种数据，如同烟花般灿烂！

当画到蘑菇根部时，天使写上数字"6"，代表人类用于儿童教育的 60 亿美元，这是战争花费的一百三十分

---

① 法语的数字单位与中文数字单位存在差异，法语原文的单位是"十亿"，所以用 800 个小格子代表 800 个"十亿"，即中文所说的 8000 亿，译文按照中文习惯处理。

之一。在"教育"上边，天使用绿色涂满13个小格子代表用于食品与基本医疗花费的130亿美元。天使在绿色区域的空白处加了一点注释：40%的人类每天生存的花费每天不到两美元。

天使后退几步，看着自己的画作，惊叹道："我画的蘑菇好像原子弹爆炸后的蘑菇云！"这个蘑菇代表了人类选择的特殊市场交换方式。天使非常高兴，这就是他给宇宙良知演变观测台提交报告的引言部分：

（单位：十亿美元）

800：军费

400：广告

13：食品与医疗

6：教育

天使继续在地球上的冒险，他与学者、哲学家见面，知道了一些数字：2000年，22个人积累的财富相当于世界上一半人的财富总和……天使飞过波尔图·莱格雷，试图了解为什么这些人如此躁动。他与另类全球化运动的拥护者见面，他们向天使解释了全球经济的关键。然后，天使回到天堂与其他的天使会合，天使绘制的几幅蘑菇图画落在了人间，因为天使对人类的技术并不熟悉，所以把图画印反了，人类发现这些图画非常高兴，以为军队仅仅耗费 60 亿美元，教育投入达到 8000 亿美元……富朗索瓦·普拉萨尔总结说："每个人都与自己的天使谈话，再也没有人试着追回时间，再也没有人尝试冒着失去生命的危险赢得生活！"

【北极站】

北极、北冰洋、北极圈地区与非洲南部是我最喜欢的两个地方，甚至有相当长的一段时间我只谈论这些地方，只读关于这些地方的书籍。逐渐地，对这些地方的偏爱让位于对其他地方的喜爱，我们毕竟只能活一次，世界又那么广阔。但是，我对这些地方的感情依恋始终存在，丝毫无损。每次去北极与非洲的时候都会再度产生这种感觉。

我的首次北极之旅是在 20 世纪 80 年代初乘坐轻型飞机的那次旅行。我乘坐飞行器盘旋在寂静如冰的北极上空，寂静与寒冰似乎彼此矛盾，我今天可能不会再进行这样的旅程，但是当时我考虑问题的方式不同，我希望完成真正的挑战。我不想像让－路易·艾蒂安（Jean-Louis Etienne）那样步行挑战北极旅行，而是愿意做一只落在恐龙背上的昆虫，想感受一下这种方式的北极之行是否能够吸引我。我不否认希望把自己的名字悄悄刻在北极的坚冰上。完成冒险，扩大人类的行动领域，这的确是非常不错的生活啊!

那次旅行要比预想的艰难很多。零下 40℃在 1300～1400 米的高空飞行是极大的考验。那次旅行在二十多年后还剩下什么?关于冒险的记忆已经所剩无几,留下更多的是我当时的感受。我在北极见到了一生中最难以置信的白天与黑夜,在地球经线交汇处睡觉。当然,经线仅仅是学者的想象,是抽象的概念,地上根本见不到经线或者纬线,但是如果拥有一个诗人的心,那样的经历真的妙不可言。我觉得自己的各种感官变得极度灵敏,比如,突然在大浮冰上看到一群麝牛或者一头熊,听到土地边缘狼群的叫声。当我睡在帐篷里的时候,能够感受到水流和大浮冰在移动,看到从下面射出的光线,因为身下的冰块会反射光线,让人感觉仿佛自己在从深海向上浮起。听到海上冰块爆裂的声音,我感到慌张,担心晚上睡觉时自己躺着的浮冰断裂,在海洋上漂走。

极地混合着光芒与恐惧,是地球上最不像陆地的陆地。北极那些巨大静止的身影比人们想象的脆弱得多。蓝色淹没了天空?可以肯定,这是暴风雨到来的征兆。在这种混乱之美中,每样东西都有自己的意义,在那里,忠诚与巨大组成力量的源泉。

当时我仍然在躬身搜寻自己,当时我并没有准备好对世界有所贡献。极地考验了我,帮助我站立起来,让我超越自私这种人人具备的特点。现在北极离我远去，接下来要做的是环保事业。我的目光投向远方，努力处理好环绕在我们周围的问题。

这一定是我希望首先去北极然后去南极的原因，异域冒险并不是我追求的目标。我需要有那种经历，不是为了向世人展示自己的勇气，不是为别人实现什么，而是从中寻求自我。

1999 年，我回到格陵兰岛拍摄这片空旷巨大土地的魅力，这里对地球的生命同样至关重要。南极冰帽和格陵兰岛的冰帽占全球淡水总量的 98%。

格陵兰岛的面积相当于五个法国本土的面积，仅有55000 名居民，居住在格陵兰岛的周边地带。与所有荒芜地区一样，在极度匮乏的同时，大自然赋予这片土地极度的美丽。但是，这里因气候变暖带来的灾难也十分明显，我们的摄制团队在 11 月 1 日到达，当地气温是 12 ℃，而正常情况下气温应该在 0 ℃左右。另一个几年前无法想象的场景是，我们居然拍摄到了北极熊，这种大型陆地食肉动物在冰帽上气喘吁吁地艰难跋涉。过长的夏天耗尽了北极熊的力气，它们等待冬天到来，这样才能在形成的巨型浮冰上向北行进，在它们感觉舒适的温度（零下 30℃）下寻找食物。饥饿驱使北极熊在尚未冻结实的大浮冰上行走，浮冰在它们的脚下咔咔作响。北极熊只能行走、游泳交替前进，最终筋疲力尽。虽然雌性北极熊尽力保护幼崽，但是由于雄性北极熊过于饥饿，只能靠吞食其他北极熊幼崽存活。短短几年时间，北极的冰上霸主已经无法找到30万年来的冰上地标。厄运不断袭来，处于食物链顶端的大型动物，比如逆戟鲸、北极熊，身体内集聚了各种毒素，这让它们更加虚弱。由于数千公里之外的城市地区空气污染，已污染的空气流动到动物栖息地，导致这些动物的身体激素分泌异常。

我心头浮现出另一个痛苦的回忆：在加拿大丘吉尔河哈德森湾，我看到流浪的北极熊在非法倾倒的垃圾堆里寻找食物。这种行为产生的原因与上面相同，由于冰盖加速融化，导致它们狩猎的时间减少。

吃掉其他北极熊幼崽或者在垃圾站寻找食物，人类是不是要逼迫这些冰雪世界的王者只能选择这两种进食方式呢？

各地的冰川后退，两极大浮冰迅速融化，科学家与寒冷地区的居民表示从没有见过这样大规模的融化现象。通过对冰芯①中包裹的空气气泡进行研究，得出的结论令人胆寒：两个世纪以来，南极洲大气中的碳含量在人类

---

① 冰芯是从冰川中钻取的圆柱状冰体，通过对冰芯的研究可以得到古代气候与环境资料。

行为的影响下增长了 30%。在阿拉斯加的科学家得到了同样的结论，阿拉斯加的冰川在短短几年时间里后退了几百米，只留下冰碛①的痕迹。

在贝加尔湖，我们准备在冰面上进行科学研究工作，把一套复杂的仪器系统放入湖水深处。经过仔细研究，获得各方许可之后，团队开始着手工作，突然冰上出现裂缝，冰面塌陷，所有的装备差一点沉入湖底。我们经历的这次事件是不是大自然对西方社会生活方式的第一次警告呢？恐怕不是第一次。在贝加尔湖畔居住着布里亚特人，他们属于蒙古人的分支，已经在这里定居了千万年之久，几天前他们目睹了一场悲剧。两名渔民乘坐小汽车在湖上经过时冰面破裂，汽车被湖水吞噬，其他人根本来不及施救。冰面开始融化的时间要比平常早了两三个月……气候变化之剧烈使长久与大自然共生的当地人惊愕不已。

种种事件引起了强烈反响。在加拿大、阿拉斯加、格陵兰岛、俄罗斯生活的约 15 万名因纽特人召开极地大会，准备在 2003 年向美洲人权委员会提交起诉，因为全球气候变化，导致这些民族的人民无法依照世代相传的

---

① 冰碛是冰川在堆积过程中所携带和搬运的碎屑组成的堆积物，冰川融化后，这些残留物就呈现出来了。

方式生活。"对于因纽特人来说，狩猎获得食物是生活的核心。当我们不能继续在冰上狩猎，我们要怎样定义我们自己？"

他们坚定的信念应该引起人们的深思：环境保护的抗争与人类身份和生活传统的抗争密不可分。

第十一章
保护好上帝的花园

完成在苏丹和埃及的报道回国后，我得知在《解放报》
（*Libération*）上发布的调查结果显示，超过四分之三的法国人
觉得关于环境保护的立法仍然不够，同样比例的法国人希望
通过全民公投的方式认可《环境宪章》，85% 的法国人同意设
立反环保罪。

舆论导向如此明确，证明环境保护的很多思想已经为大
众接受，我认为原因可以简单地总结如下。

一方面，我们每个人都或多或少地觉得地球似乎地大物
博，从空间上看无穷无尽，从资源上看用之不竭。但是今天
人们到处旅行，已经发现地球的实际大小比想象的小得多，
比想象的脆弱得多。地球的再生能力，不论是上文谈论的水
资源还是其他自然资源，甚至人人呼吸的空气，都已经达到
了再生能力的极限。而人类给地球的压力不减反增，希望这
种压力降低的愿望不啻天方夜谭。

　　另一方面，当今地球上的生命形态是各种外界条件的完美相互作用促成的：地球与太阳之间的距离、大气层的存在、数百万年微生物的进化等等。生物使用各种不凡的策略生存、进食、繁衍，通过自然选择，进化出了无与伦比的创造能力。生命对我们来说是精美复杂的奇迹，存亡系于一根脆弱的细线。英国诗人弗朗西斯·汤普森（Francis Thompson）说"摘花之人可以扰乱星球"，就是在表达原有的和谐遭遇了危险，我们很难形容得更贴切了。一种因素的改变能够导致生命消失，自从人类出现以来，各种情况的演变方向发生了改变，人类并不是从"量"上在各个领域造成影响，而是导致了"质"的变化。只有生物才是自己的掠食者，乃至打破自然原本的平衡，人类可能犯下各种罪行，可能颠覆一切。人类已经不满足于依靠从自然中索取来维持生活了，而是以聪明、强大为名，甚至仅仅出于贪婪或者无知，无休止地开发自然。但是，人类忘记了一件事，世界不是可以随意获得商品的商店，世界是一个整体，触动一环可能引起严重的连锁反应。

　　很多迹象应该引起人类的警觉，1990 年植物学家爱德华·威尔森（Edward Wilson）提出过严厉警告：

　　　　生物灭绝是当今最严重的损失。每个国家都拥有三种形式的财富：物质资源、文化资源、生物资源。我们很了解前两种资源，因为它们属于日常生活的一部分，然而却往往忽视生物资源。这是一个严重错误，人类将越来越感到懊悔。动物和植物是国家遗产的一部分，是几百万年在某地进化的结果，它们的价值不啻语言和文化的价值。

他还表示，99% 曾经出现过的物种已经灭绝，如果我们继续放任不管，地球生物多样性的特点将不复存在。

最近的观察研究证实了他的预测，以当前人类对环境的破坏速度计算，大约每年有 5 万 ~ 10 万种生物灭绝，而地球上现有生物种类大概在 3 亿 ~ 5 亿种之间。这场灾难规模巨大，物种毁灭速度可能比人类了解物种的速度更快，现在人类只认识了大约不到 200 万种动植物。科学思想面对不断发展的技术无能为力，真的是天大的讽刺。普罗米修斯牺牲自我，反抗天神，让人类获得了无限的力量。今天，天神似乎通过自然对人类报复，复仇的火焰令人胆寒。达·芬奇曾经警告世人："不尊重生命的人不配拥有生命。"

没有其他任何地方比林冠更加敏感了。林冠指的是热带原始森林的顶部，是丰富的自然资源库，具备药用价值以及各种其他尚未发现的价值。所以科学家二十多年来一直高度关注林冠。

当我发现林冠的时候心潮澎湃，与在南部非洲和极地类似的强烈情感涌上心间。我已经准备好进入新阶段了，我制作关于林冠的第一个报道时正处在一个"交替阶段",当时我对环境保护的信念正在代替原来对冒险的渴望。林冠组成的绿色海洋令人心驰神往,树木彼此竞争夺取阳光,树下世界几乎如同暗夜。被风吹倒的树木,加上通过林冠缝隙投射下的阳光,有助于森林再生,于是树木进一步生长,继续争夺阳光。另一点让人吃惊的是在林冠范围中生活的树木、动物种类繁多。不过遗憾的是人们也有了其他发现,于是开始毫无廉耻地大规模砍伐森林。砍伐规模之大、速度之快,即使在没有经验的环保新兵看来,这种砍伐方式带来的影响依然恐怖而巨大。2002年2月,我再次以林冠为主题做报道,法国国家科学研究中心(CNRS)科学家、热带森林世界知名学者弗朗西斯·阿雷(Francis Hallé)与我一同前往。他和一位飞行员共同研究出一种精巧的系统,可以评估林冠,进行科学观测。凭借小型热气球在林冠上绷紧很多条纵横交错的绳子,组成一张悬空的网,科学家身上绑缚氢气球,让氢气球的升力与自身重力相抵消,科学家们即可以在零重力的条件下在网上行走,进行研究。在这个网上行进路线中最高的树上,距离地面四十米的高空,弗朗西斯·阿雷搭建了简陋的实验室,他在那里记录助手报告的数据,进行绘图工作。

一天,我们两个人在秘鲁与厄瓜多尔交界的亚马孙森林腹地的高空实验室等待雨停之后进行拍摄。树尖上的薄雾给我们眼前的壮丽景色增添了几分神秘色彩。在雨中我们蜷缩着身体聊天，当两个人的目光相交时，弗朗西斯问了我一个奇怪的问题："你还保持乐观吗？"我立即回答："这么说吧，我现在装作乐观的样子。"他充满忧伤地看着我，"我已经失去信心了，反正我的热带森林完蛋了。"

我不知怎么回答才好，接着弗朗西斯告诉了我他采集的数据，听到之后我不禁暗暗发抖。他的观察结果非常可怕，森林砍伐问题极其严重，致使热带森林被分割成小块且无法再生的时刻应该不会太远了。现在当我们进入保存完好的原始森林时，可能会觉得如同身在博物馆。科学数据和多年的科学研究成果让弗朗西斯稍稍安心一点，但我觉得这是他的直观感觉。结论很快得出：所有不能产出后代的植物将消失，很大一部分的生物量也会消失，其中很多种类的植物还来不及被人类发现就灭绝了。人类的科学研究非常需要这些大有潜力的分子资源。弗朗西斯和我决定共同撰写一篇文章，呼吁公众舆论关注赤道地区森林的情况。最终，我们与地理学家、基金会环境监测委员会成员弗雷德里克·杜朗（Frécéric Durand）共同撰写了这篇文章，几个月后该文章在《世界报》（*Le Monde*）上发表，题目是《热带森林：存活无望》（*Forêts tropicales : c'est fichu*）。我们故意让题目更有挑衅意味，这样更能够引发人们的反应，但事实证明绝望的情况也没办法刺激人们行动起来，我很理解，可是我们绝不能掩盖真相。如果不开始根本性的改革，森林的命运不会改变。长久以来，只有"希望"才能鼓励人们行动起来。埃德加·莫兰（Edgar Morin）说过："我们一直牺牲重要的东西去解决紧急情况，现在紧急情况就是最重要的东西。"

拍摄工作结束后，我返回了所谓的文明世界，把旅程中的所见所闻和我的信念讲给别人听，我也读到了很多相关的文章。有些记者和其他一些人的做法使读者质疑事态的严重性，作为目击证人，我认为这简直是犯罪、亵渎。人类应该清楚：如果我们不帮助处在危险中的地球，我们将成为罪人。前一代人和我们的巨大区别就在于他们能够理解自己的所作所为及其后果。警醒起来，再也不要扮作天真无知的样子了。

一次，我们在加拿大西部不列颠哥伦比亚省外海的一座岛屿上为节目录制做预先准备。几个月后我们再次回到这座岛屿上拍摄，已经认不出这座岛了：森林砍伐严重，很多片土地被砍伐得寸草不生，所有覆盖在地表的植物100%被剪除，于是地面出现了沟壑，岩石裸露，植物再生程度几乎为零。

不列颠哥伦比亚省还有很多无人触碰的绿地，各大企业以惊人的速度野蛮开发了这些地方。这个地区气候寒冷，生物多样性和热带森林相比逊色很多，但仍然拥有异常丰富的生物量，每公顷森林每年能够产出30吨生物。所以看着那些从天而降来到森林深处的推土机，我不禁义愤填膺。推土机在几天时间里就可以摧毁整个一片区域的植被，木屑刨花纷纷而出。每年全球有 1100 万公顷的森林遭到摧毁，在加拿大的这个地区，每三十秒就有一公顷森林遭受灭顶之灾。在温哥华岛，我曾经看到令人震惊的场面：数百万立方米的木材等待被运往亚洲。

与海洋一样，森林由于面积广阔所以才遭受灭顶之灾，尽管很少有人认为海洋与森林的资源取之不尽用之不竭，但是仍有相当一部分人觉得这些资源可以无限再生。实际情况并非如此，而且由于过度砍伐，整个生态系统随之土崩瓦解。比如在中国，曾经因为大规模砍伐森林，大熊猫找不到食物，深陷灭绝危机。再举一个如同出自讽刺电影的例子：一名马达加斯加的居民大规模盲目砍伐森林，最终森林砍尽伐绝，市区森林的荒地与原来的林间空地合成一体，作恶之人最终自作自受。

爱德华·威尔森（Edward Wilson）在《生命的多样性》（*La Diversité de la vie*）一书中指出，只要在砍伐树木时稍微有一点道德心，就可以不必毁灭整片森林。可再生的伐木方法可以用几行字来概括："根据地形地貌带状砍伐树木，在第一条砍伐带间隔一段距离的旁边再砍伐出第二条砍伐带，这样森林中的砍伐带经过几十年的时间就可以重生。"为什么不这么做呢？企业为何如此短视，采取当下的方法砍伐呢？这种砍伐方式无法保证企业的长期发展，而是为了今天牺牲明天。

他们的做法就如同骑在树枝上的人砍伐自己所在的树枝。

我们曾经与生物学家保罗·斯庞（Paul Spong）共同来到不列颠哥伦比亚省拍摄逆戟鲸，保罗·斯庞专门研究这种濒危动物的社会行为。因为逆戟鲸处在食物链最顶端，所以身体聚集了各种毒素，物种本身已经遭到了威胁。我们乘坐水上飞机在太平洋一处进入内陆的水湾上飞行，六天时间里没有拍摄到一个可用的镜头。从天空中我们发现了逆戟鲸的踪迹，于是我们的飞机在水上降落，却被一种浮在水面上的大型褐藻勾住，当地的印第安人曾经使用这种褐藻作为钓鱼时的系船缆绳。然后，我乘坐皮艇来到逆戟鲸行进路线两到三公里的下游水域，希望能够遇到逆戟鲸。可是由于我们操作费时太久，没能遇到逆戟鲸。最后一天，我放下桨，通过对讲机告诉摄像师把飞机降落在水面上，可是我发现根本无法降落，就说："糟糕，落不下来，算了吧。"这时，有两头巨大的逆戟鲸出现在我的右侧，两头出现在我的左侧。他们的背鳍从水中露出划破空气，伴随着气孔喷洒水雾的特殊声音。这些逆戟鲸随着我划桨的频率游动，面对太阳在点点波光之下陪伴我前进了一个小时。逆戟鲸与我的距离触手可及，我的小艇在它们的庞大的身躯旁边微不足道，我心中既兴高采烈又惴惴不安。最后一切平安，就像几年前海豚伴我前行那次一样。节目中不时出现类似事件，我觉得它们陪伴我绝非偶然，这些默契的举动一定是某种信号。经历了由于人类的贪婪愚蠢而大面积地把森林砍伐成荒地的事件之后，这种和谐共生的时刻让我稍觉安慰，很可惜这并不能抚平人类对环境造成的伤害。

我努力在节目中向观众展示我当时的种种感觉和思考，以及我看到的景象。我的节目让我和观众共同认识到人类面临的问题。随着时间的流逝，我们与自然之间的感情越来越倾向于哲学思考。当然，节目中展示的自然风光起到关键作用，一方面可以吸引观众的关注与惊叹，另一方面可以通过这些自然景观传递信息：关于生物生存策略的信息、人类能力极限的信息、文明脆弱性的信息。在节目中也播出过在哥伦布发现新大陆前，美洲大陆一些文明因为不尊重自然平衡而消亡的纪录片。令人高兴的是，观众的确在用心观看节目。十五年前我们收到的观众来信中，95% 的主题是谈论趣事或者索要签名；今天，95% 的观众来信谈论的是环境保护和环保事业。我的名气成为领导环保战斗的工具，获得了它真正的意义。

第十二章
大自然的阴阳平衡

生活的转变对我来说总是非常艰难，2003 年 6 月我从拍摄地回到巴黎，驾驶着轻型摩托车穿梭在城市的车流之中。现代人极具攻击性的个人主义行为让我吃惊：每个人都在自己的汽车里，包裹在自己的小盒子中，即使周围的世界崩塌也无所谓。天性上是社会动物的人类，会不会因为一系列堕落的转变最终变得孤独呢？

1800 年，3% 的人口居住在城市；2000 年，50% 的人口居住在城市；最近半个世纪以来，城市人口翻了四番。这种趋势不但没有转变的迹象，而且还愈演愈烈。因为人类难以抗拒城市创造出的吸引力，城市文明的幸福幻象让人愿意付出巨大代价，而实际上幸福在其他的地方，城市里似乎只有苟延残喘的生活。在不发达国家里，农业危机严重，农民放弃土地来到城市只能挤在贫民窟生活，但还是有很多人选择离开农村来到城市。文化均质的情况让这些人觉得城市更加安全，资源更加丰富，经济更加繁荣。当然，实际并非如此。在社会网络中看到的悲惨与贫困乡村一样，让人难以忍受。城市中的人口不断聚集，城市让人脆弱并摧毁人。由于环境问题，城市不仅要居民饱受煎熬，堕入失望、孤独、悲惨当中，还要求居民马上做出牺牲。1997 年，世界卫生组织统计全世界城市人口大约有 70 万人由于污染死亡。

我们应该把"美丽"这个概念重新引入城市中。当我们来到一座未知的城市，为什么往往在老城街区比在新城街区觉得更加舒适？因为在老城中可以找到地标，可以认出标记，可以遵循历史的印迹行进——如同我以前在非洲河畔一样。老城中的建筑物外表各异，道路也并非始终笔直，广场各有特点，有的形状规则，有的稀奇古怪，不时可以见到矗立的纪念碑。美丽的东西往往是无用的，现代生活为了追求效率，把所有貌似无用的东西都抛弃了。把经济作为唯一衡量标准的思想创造了丑陋，这是一种深入而剧烈的变革，人类牺牲了一切来换取功用。的确，分析现代生活模式异常关键，应该提高公共交通品质，向免费的方向努力而不应该不断提高价格；应该重新考虑设计集体居住地，打破各个郊区的藩篱等等。但是，这些做法并不够，因为它们无法愉悦人类的双眼，一切设计只为了最终功用的做法太令人悲伤了。只有当美的东西消失了，人们才意识到什么是美，以至于丑陋蔓延到本应该美轮美奂的地方。有些滑雪场重拾以前低层建

208 　筑彼此连接的设计，或许像在郊区一样，这种设计将在未来一二十年成为滑雪场的主流建筑方式。我再次想起关于宿命论与需求论的话题。建筑工程、车库非常必要，但是不应让这些建筑奇丑无比，不应让它们破坏景色。在各个领域，不存在创造奇迹的解决方法，问题的关键在于比例与平衡。正如五个世纪以前的医生巴哈塞勒斯特（Paracelste）所说："万物皆是毒药，万物皆非毒药，一切取决于比例。"

　　城市生活的现状没能让人类觉醒，也没能让人类更加清醒地认识自己在自然中的位置，反而切断了人类与自然的联系，让人类成为环境的威胁。非但如此，自然界忍受污染的程度也发生了改变，尽管出现了各种惊人的污染，人类却开始逐渐适应新的环境，其他生物也一样。城市污染严重，于是城市的树木比乡村的树木更能够忍受污染。比如柳树，距离城市中心几十公里的柳树比城市中心的柳树更脆弱。城市人口或有意或无意更倾向于否定污染问题的存在，他们不愿意相信科学家的预言，怀疑我们提出的警告。同时，很多城市居民与大自然发展出了一种几乎歇斯底里的关系，他们喜欢饲养宠物，周末去乡下度假，去海边、深山旅游，在乡村购买住宅，与大自然亲密接触的活动几乎成了必不可少的节目。由此看来，皮埃尔·哈比的话得到了事实的验证：我们的文明变得远离土地。半个多世纪前，保罗·瓦莱里（Paul Valéry）已经谈到人类在各方面滥用权力导致生活方式失常：

"现代人沉醉于享乐、高速、光亮、补药、毒品，以及种种令人激动之事。过度沉迷感觉刺激、唾手可得的好处、各种美丽的事物。一个孩子伸伸手指就可以获得大量的资源。人类机体的反应如同瘾君子，逐渐适应更大剂量的毒品，对毒品的需求越来越迫切，对毒品的用量与日俱增，对毒品的欲望永无止境。"

我此前已经指出，如同中国传统思想中的阴阳平衡所揭示的一样，过度消耗只会催生补偿机制。生产、消费、浪费这一链条对应的一系列思想值得我们思考。泰奥多尔·莫诺在他的书中引用了阿尔伯特·史怀哲（Albert Schweitzer）1915 年 9 月发表的名为《原始森林的装饰》（*À l'orée de la forêt vierge*）的文章。对我来说，他梦想的是真正的初始价值。

非洲赤道地区通常很潮湿，我们在旱季缓缓逆流向上游驶去，悄悄行进，努力推测在浅滩和奥果韦河（fleuve Ogooumé）之间小路的去向。我坐在平底驳船上，陷入沉思，希望能够清楚地思考出没有在任何哲学领域中找到过的伦理规范。我笔下的纸一页页地翻过去，我写下一句句没有关联的话语，我希望能够在这个问题上集中精力。第三天日落西陲夜幕降临之际，我们在河马群中轻手轻脚地穿梭而过，突然间灵光闪现，我的脑海中闪过一句话："尊重生命。"我心中的壁垒轰然崩塌，如同茂密的森林中出现了一条小路，最终我找到了这条囊括世界、生命、道德的小径：我现在了解道德世界的普世观点建立在思想之上——所谓的普世观点指的是用文明的思想诠释生命。所以，对我来说道德就是尊重生命。

我们不需要费劲心力寻找，史怀哲已经用简洁明了的方法解释了他的思想。对于我们来说，需要的是用非常大的努力把很多人认同的自然美学与道德相提并论，因为两者之间相互依存。我们信奉的美学绝非毫无理由，因为这种美学由人类与自然的关系滋养；我们的道德观念不会过于狭隘，因为这种道德承载着强烈的价值观。不要仅仅做表面功夫，不要对别人说教，请让自己的心中充满热情！希望美丽可以成为一座桥梁，通往人类对生命的尊重。爱德华·威尔森说过："用最少的物质创造出如此丰富的物种，这可能是生命最大的秘密。"各大工业的最大错误可能是用丰富的物质创造出相同的产品吧？我们的文明本身或许并不具备适用于整个星球的生命标准吧？结果如何已经人所共知，如此多的琐碎无聊之事，如此多的均质化。普罗米修斯所拯救的人类号称能够统治世界，但这正是人类犯下的最大错误。人类以科技为先的想法把复杂的事物归于简单：把树木变成刨花，用拖网渔船把海底的一切生物捕捞干净。而展现在人类眼前的生命历史恰恰相反，总是把简单的事物变得复杂。

　　由于对生命的尊重，我不相信人口过剩的威胁，而且我发现很多科学家已经重新更正自己以前对人口爆炸的预估了。今天看来，全球人口总量稳定下来的速度比人们从前估计的迅速得多。但是，人类仍然面临各种问题。第一个问题是人类不能正确利用空间，城市人口远离自然资源，在沙漠周边聚积占据的土地越来越多。第二个问题是开发自然资源的方法不当，毁坏土地、海洋。这两个问题令我非常担忧，对自然的破坏问题远远比人口增长问题严重。消费方式与生产方式才能平衡人口与地球之间的关系，决定人类的未来。如果认为减少人口就可以解决所有问题，那么恐怕会引起各种恶意的思考与不良的结论。按照马尔萨斯人口学说推论，如果发生疫情等卫生灾难会造成人口减少。可能会有人为此感到满意，甚至有人煽动发动战争。我相信现在人类的体系中的各种问题不应该归结于生育，因为生育后代是个体问题而不是集体问题。从该角度看来，教育人们自省养育孩子的能力，以及把孩子置于社会中何等位置，才是应做之事。强迫人们遵守一些生育政策，在我看来意味着社会的彻底失败。

　　真正的挑战在其他方面，即怎样保证世界人口在当今与未来的需要？皮埃尔·哈比在布基纳法索的经验一定可以在别处应用。如果发展中国家未来经济增长方式只有掠夺资源、过度消费、铺张浪费，那么人类的未来堪忧。多十亿人口还是少十亿人口不会改变未来灾难的到来，我们有权利把自己已经犯下的错误再传递给别人吗？为什么人们总是更加看重拥有的物质而轻视生命呢？如果要解决问题，首先必须改变发展方向。我们可以对发展中国家说："请不要重复我们的错误，从我们做的分析中获取教训，找到属于你们自己的前进道路吧。应对物质主义的全球化的唯一答案，在于文化的多样性。"

我手上有一张很恐怖的照片，照片中废弃的电脑堆积成山，被扔在某个公司的废品仓库中。在这样的照片面前，我们的社会怎么可能存在公信力？贫穷的国家怎么不会一边羡慕我们的财富，一边怀疑我们的所作所为呢？在我们的社会中，自闭行为无处不在：企业面对消费者的无所谓的态度，以沉寂对应一切，一旦商品售出，就再不关心后续事宜。其实，完全可以采取废旧商品回收的做法。让企业建立商品跟踪制度，尤其是饲养业。产品从哪里来，在哪个国家生产，通过哪种方式生产，当产品到达使用年限后应该怎么做？我们应该对企业提出这些大量的基本问题。消费者应该在充分了解商品各方面情况后再决定是否购买，除非有一些经济上的利益促使消费者购买"更具道德感"的商品，比如由于质量问题退还商品时，顾客可以获得保证金。我相信一方面需要消费者个人有环保的主观意愿，另一方面需要政府的严格执法。二十多年前几乎没有什么汽车部件可以回收利用，而现在几乎所有部分都可以回收利用。

2003 年夏天，我的基金会举行活动，呼吁人们关注污染造成的恶劣影响。我们的宣传海报故意做得大胆而挑衅，海报上是一个怀孕女性的乳房特写，乳房流出来的不是乳汁而是黑色液体。海报传递的信息简单而有效：如果人类破坏环境，人类的未来将面临巨大危险。很可惜，宣传活动引起了两种负面反应：宣传母乳喂养的人觉得我们的海报是故意挑衅，女权主义团体指责我们的宣传活动过于大男子主义。不过没关系，我们达到了目的，公众舆论关注了我们的互动，在当今世界上"完全纯洁"这个概念根本不存在。

很多人知道母乳中发现杀虫剂痕迹的事，但是并没有多少人了解大量研究报告得出了同一个结论："香水、二氧化物防晒油、杀虫剂这些物质的残留都存在于母乳中，母乳成了真正的定时炸弹，在母乳中一共发现了超过 350 种有毒物质。"该结论出自世界自然基金会（WWF）这个生态保护组织的报告。这是不可辩驳的证据，环境在惩罚人类，人类正处在自己不知道的污染侵犯之下。是否应该继续母乳喂养？专家们的答案一致：应该母乳喂养。弗朗索瓦·维耶莱特（François Veillerette）在《杀虫剂：封闭的陷阱》（*Pesticides: le piège se referme*）一书中写道："对于新生儿来说，母乳是不可缺少的食品。母乳含有帮助婴儿成长的必要物质，有利于免疫系统发育和身体整体健康。事实证明，与服用人工合成奶粉的孩子相比，母乳喂养的孩子更加强壮，更能够经受各种疾病和感染

214 的进攻……母乳喂养对母亲同样有益……尽管母乳喂养益处良多，但是如果母乳中含有杀虫剂等污染物，那么造成的危害要远远大于上文提到的益处。"

【海洋站】

我不喜欢"环境"这个词，它把人类与周围的环境分离开来，并将人置于核心位置，其他的一切似乎都是附属部分。我们以人类自己为中心的思想真的很难改正啊！以至于人类在"环境"这个不起眼的单词中寻找优越感。我更喜欢"生态"这个词，它既公正又形象，囊括了科学与居所的概念。"居所"这个概念对于所有的生物来说是相通的，我们所有人都住在同一个地方，符合我们的命运。从某种程度上来讲，所有生物都在同一个屋檐下，都乘坐同一艘船。

我的经验甚至处在这个概念的核心：我永远沉浸在大自然的怀抱当中，不断强化与大自然之间的关系。

与自然精神交流的时刻，时间的密度令人难以置信。我们使用三角翼飞行的时候，看到一只兀鹰在不远处滑翔，由此找到了上升的气流。它回过头看着我们，拍打翅膀，似乎向我们指示这里的气流。在海中，鲸鱼从我们身旁游过的时候，能够感受到它停下来，张开眼睛看着我们，多么优雅有力的精确行为啊！此时我感到人类与自然之间一种宁静的默契！

我在墨西哥尤卡坦州（Yucatan）晶莹剔透的水中游弋，

穿梭在钟乳石与石笋之间，突然一种不可名状的奇妙感觉传遍全身：我似乎进入了属于所有生物的母体中。

有一次，在下加州（Basse-Californie），我潜水上浮，停留在一个深度减压休息，听到了鲸的声音。虽然看不到鲸身在何处，但是这声音比世界上任何的音乐会都令我感动，我不禁静静地停留在原地聆听。

不久前在科西嘉岛，我在水流几百万年的时间冲击而成的小池中游泳，小池的形状宛如眼睛。池塘上的枝条摇曳，阳光透过枝条射在池塘表面，恰到好处，哪种游泳池能够提供这种鬼斧神工的景色呢？

类似的经历只要有一次就可以让人的精神升华，我很有幸经历过无数次。这种在自然面前的惊叹之情每次都让我记忆犹新，古人把自然称作母亲的说法真的非常贴切，我觉得对自然背负着一份重重的情债。我感到事实就摆在这里，破坏自然之美和自然平衡是一种亵渎。理解了这些，人类就会提升自我。所以，我到处旅行，不断寻找触动人心的美丽景色，为的是让更多的人能够分享到这份感情，感受到我的感受。

珊瑚是自然界最壮美的奇迹。让人惊叹的一方面是珊瑚的美丽，另一方面是珊瑚的独特之处，因为珊瑚处在三界的交汇点：珊瑚虫利用自身带有的海藻建造矿物结构，这是一种非同寻常的奇迹。珊瑚的生长从不停顿，每年全球珊瑚总量会增加 300 万吨，珊瑚虫是世界上最伟大的建筑师。

　　这种"建筑行为"的直接结果是，珊瑚的世界与热带森林组成了世界上最大的生态系统，形成了最大的氧气生产厂、最大的含碳气体储存厂。然而，大气中含碳气体的增加导致珊瑚在全球几个地区逐渐消亡。

　　下面，再举一个自然和谐合作的例子。在澳大利亚西海岸埃克斯茅斯（Exmouth）海湾，到了珊瑚虫产卵期的时候，海水会变成美丽的粉红色。原因很简单，珊瑚虫每年繁殖一次，在三月满月后的三个晚上，最多四个晚上。这种现象每晚持续几分钟。数十亿颗珊瑚卵子与精子在海水中分散开来，这段时间正是海水最热、海浪最小的时候，这样才有利于珊瑚虫的精卵迅速产生后代。就在这一时间段，鲸鲨会从海洋深处浮出水面，饱餐珊瑚虫精卵美食。

　　奇异的珊瑚虫新婚与鲸鲨，结合了各种美丽与短暂，是自然永恒天性的奇迹。如果说珊瑚是纯粹的自然奇迹，那么鲸鲨也不遑多让。鲸鲨是最美的鱼类，长度8～12米，身上的花纹如同土著身上的刺青。平时人类几乎不可能与鲸鲨接触，它如鬼魅般轻巧，转瞬间就逝去不见，仅留下一丝残影。与鲸鲨近距离接触的机会可遇而不可求。

　　我带着氧气面罩和脚蹼，下潜拍摄鲸鲨这种少见的生物，突然我觉得身下有一头巨大的鲸鲨浮了上来，停在我的脚下。然后，另外两头鲸鲨也聚拢过来。在接下来的几分钟时间里，我们共同在水中似乎融为一体，已经分不清是"人—鱼"还是"鲨—鱼",那一刻的感觉非常奇妙,与在新西兰远海皮艇上和海豚共同前进如出一辙。

此后,我在墨西哥下加州的远海有了第三次类似的经历。那次我们在拍摄时没有找到任何有趣的东西,没有画面,没有鱼类,什么都没有。整个团队都无精打采。在回程途中,我决定走相反的方向,花 15 分钟看看远处有没有什么事情发生。说实话,当时我通过望远镜看到远处海洋上空有鸟类聚集,这种情况往往证明海里有值得一看的东西。我的确没有弄错,五六条海豚在海中嬉戏玩闹,在紫红色天空下的海天彼此融合之处进行着它们非常喜欢的游戏,我们立刻拍下了这些画面,直到暮色降临才作罢。我们带着出色的影片与美好的回忆回到了宿营地。

下面记录的则是其他不太愉快的旅行回忆。

2002 年冬天我去南苏丹采访,然后前往埃及纳赛尔湖(lac Nasser),那里的景象让人胆寒。人们不久以前交口称赞大型水坝的建造政策,现在看来完全是一场灾难。修建阿斯旺水坝(Assouan)导致大量人口迁移,人们不得不离开世代相传的土地,大坝的建设还带来了考古灾难,使得努比亚文明和埃及文明的遗迹大量消失。另外,还产生了原来没有估计到的环境灾难:纳赛尔湖聚积了原来哺育尼罗河的所有营养物质,由于大坝的阻拦,这些营养物质不能流入下游滋养下游的庄稼,于是这片世界上最古老的农业土地不得不使用化肥。同时，科学家发现地中海盐度上升。由于尼罗河等各条河流的水遭到阻拦，地中海几乎成为一座封闭的内海，海水蒸发量增加，而进入地中海的淡水量减少，气候变暖让这一情况更加严重。

这个教训不但伤害人类的自尊，而且难以平复：各种自然现象彼此之间的联系要比人们想象得紧密，人类每次改变自然系统就会打破千万年以来形成的平衡。本以为会给现代人带来更多的舒适与便利，但人类的所作所为不啻玩火，可能殃及子孙后代。

这种情况非常令人担忧，更何况水的问题未来将是地球生死攸关的大事。2003年3月，联合国教科文组织（Unesco）公布了全球水资源价值报告。其中的数字让我对当前的状况更加悲观。

20世纪全世界人口翻了三番，用水量是原来的7倍。13亿人在自己的居住地附近无法获得水资源，大约25亿人使用的水得不到净化。地下潜水层水资源枯竭，地面水资源干涸，10个国家已经开始汲取不可再生的古地下水。每天有200万吨的垃圾污染地球的水资源，一升没有经过净化处理的脏水会污染8升水。全球河流的一半被人类用于灌溉，同时也遭到了工业的污染。只有两条河勉强幸免于难：亚马孙河与刚果河。

生产一公斤牛肉需要的水量是生产同等重量谷物的10

倍，请看这个惊人的数据：生产一公斤牛肉需要 15000 升水。

经联合国教科文组织统计，目前有 507 起关于水资源的国际纠纷，其中 21 起已经导致军事对抗。

这是现在的情况，未来的前景更加黯淡。估计在未来二十年里人均可用水量将减少 20%，世界上没有一处地区能够幸免。在第三世界国家，由于水资源私有化，穷人可能再也用不起水。三十年后，世界上超过一半的人口将生活在缺水区域。

在 2025 年，人类可用水资源量将仅仅是 1950 年的四分之一。

第十三章
全球气候异常及其他

2003 年，在巴黎地区建造第三座飞机场的猜测已经被摆上台面，但政府宣布目前不会对该计划做出决定。如果这份计划被束之高阁，那么人类的智慧仍然可以取得胜利，环保主义者、拥护可持续发展及反对浪费的人们一定会为之欢呼。

争论的焦点集中在飞机场的位置，附近的居民极力反对蛮横决定机场位置的做法，认为这种做法缺乏民主精神，而且飞机场会扰乱安静的生活，导致房产价格下降。这些担忧的确很有道理，但是关键问题无关个人利益，而是社会的选择：第三座飞机场一旦修建完毕，很快就会饱和，那么这座飞机场是否有必要修建呢？高强度的航班架次、川流不息的旅客，这些是否必不可少呢？难道我们做的不应该是逆转趋势，限制空中交通吗？没有一个人提出更深层次的哲学问题：如果我们出行少一点就会变得不快乐吗？我不认为人类的快乐程度与旅行的距离成正比，而且现在很多人长途旅行的游览完全没有丝毫的文化内涵。在这种情况下，相信大家一定会同意这样的观点：没有必要走到天涯海角去寻找太阳、海滩、海鲜餐馆。在远途游览方面，多一点对环境的责任心与使命感对未来颇有益处。

我们是否已经最优化地利用了已有的飞机场？为什么不开发不太使用的土地呢？比如，瓦西（Vassy）[①]地区的土地。人类不能无休止地以牺牲环境为代价发展经济。我们不会因为不坐飞机远行就变得不幸福，但不坐飞机对于保护地球意义非凡，比飞到地球另一端享受日光浴更加令人激动。

有些不为人知的事实证明，航空这种交通方式问题很多，飞机使用燃料不需要交税，飞机从机场起飞时产生的污染相当于600万辆法国家用汽车同时释放废气的效果，但是这种交通方式从来没有被算作环境治理需要花费的项目。所以，专家认为，如果建设第三个飞机场发展空中运输的话，法国将无法达到《京都议定书》中释放温室气体的标准。关于这些问题，工程师、基金会环境监测委员会顾问让－马克·让可维奇（Jean-Marc Jancovici）给我发了一封邮件说明情况：

---

① 瓦西隶属于法国西北地区卡尔瓦多斯省（Calvados）。

所有人似乎都认为气候变暖是个坏消息。

所有人似乎都认为推出空中客车 A380 飞机是个好消息。

然而，这两者之间其实水火不容（类似的例子比比皆是，再多一些空客 A380 大型客机这种污染源已经算不上什么了）。

根据政府间气候变化专门委员会（GIEC）的报告，国际航空领域从现在到 2050 年的温室气体排放将翻三番（国际航空领域排放的温室气体量超过法国全国的排放量），《京都议定书》中没有国际航空温室气体排放的相关条款。

如果把这个排放量乘以 15，结果将超过美国目前温室气体排放量的一倍半到两倍（任何一个初中生都能轻松算出结果）。

我很希望知道空中客车公司的负责人怎样通过建造巨型飞机对抗温室气体排放问题。这种飞机只有在每年乘客量增长 5% 的情况下才能够盈利（的确，平均到每个乘客身上的话，大型飞机比小型飞机消耗燃料更少。但是，如果达不到每年客运量增长 5% 的目标，实在没有必要建造大型飞机）。

这条消息引起了我的注意，于是我在蒙特卡洛电台（RMC）

参加节目的时候表达了自己的观点。而事实却要比我预想的更加可怕。让－马克又给我发了一份报告，其中大部分是关于巴黎第三座飞机场的内容。我从中得知《京都议定书》没有考虑国际航空造成的污染！没有考虑的官方原因在于无法解决一些实际问题，即在国际航空领域究竟是谁造成的污染——是乘客所属国家？是航空公司所属国家？是出发地国家？是目的地国家？这些技术层面的问题真的合适吗？让－马克不无黑色幽默地写道："棒极了，不是吗？我们创造了污染，可是没有任何人对这种污染负责。"

一个复杂的问题直接和温室气体排放相关：能源生产问题。这个问题周围环绕着一些不确定因素，这个话题本身也是禁忌：我们不能质疑核能，因为核能是法国工业的龙头，是三十年黄金发展时期①的硕果。有人称核能可以保持法国能源的自给自足，这不过是一种障眼法，据我所知法国不产铀。世界不是非黑即白，我觉得不在死硬教条的前提下讨论核能的话题非常重要。

这是一个简单的数学问题：如果我们的能源消耗水平保持现状，那么在不使用化石能源、不大幅度增加排放温室气体的前提下，没有任何能源能够代替核能。选择何种能源作

---

① 这里是指"黄金三十年"，即法国 1945 至 1975 年经济高速发展、生活水平迅速提高的三十年。

为替代能源的难度也同样很大。科学家、议员、公众、舆论，各方首先应该对能源问题进行切实的讨论，因为这个问题非常复杂，我们不应该继续盲目地在未来二三十年向全部使用核能的方向前进。目前的各种情况表明，很有必要保证公正透明地进行讨论：媒体舆论纷纷讨论压水反应堆新技术，有人夸奖说这是尖端科技，有人批评说这种技术已经落伍——法国国家科学研究中心（CNRS）成员、前法国国家电力公司员工本杰明·德旭（Benjamin Dessus）工程师也这么认为。究竟该相信谁呢？

在如此嘈杂纷乱的不确定因素之中，一些确凿的事实仍然能够浮出水面：应该着眼未来，核废料与可持续发展的概念格格不入，只要看看在那些政局不稳定的国家里老旧核电站的情况就可见一斑。20 世纪 70 年代，我们也曾经向英吉利海峡的卡斯盖（Casquets）深沟倾倒了 2.8 万桶放射性物质，专家信誓旦旦地保证绝不会有危险，但是几千年之后仍然能够保证安全吗？没有人能够回答。

但是，从理性观点来看也不必彻底把核能清除，不必在继续使用核能和完全停止使用核能的两个选项中犹豫，今天看来只能尝试那些从来没有试验过的解决方案。因为拥护核能派与反对核能派两方面的主张对我来说都不能让人信服。

我们首先应该详细总结所有可能节约能源的方面。在建筑领域中，专家认为节约 50% 能源的目标是可以达到的。通过科学研究应该还能够找到替代能源，为了进行这方面的研究，必须要为其提供资金：核能研究目前得到的资金是所有其他能源研究的 30 倍。尽管如此，一些科学家认为可以把法国核能发电的占有率从现在的 80% 降低到 50%。

人们需要记住一个数字：如果不使用核能与化石能源，我们的能源消耗量必须降低到今天消耗量的十分之一，在十几年之内可再生能源不能提供更多的能量。当今一个法国人能源消耗量的 10% 就相当于一个印度人消耗的总能量，虽然很多生态学家声称可以实现这个目标，但是我觉得只要存在经济与道德方面的其他解决办法，发达国家的人们还没有准备好做出如此的牺牲。

最后强调的一点，通过理性考虑，从体积、毒性、无法追踪痕迹、管理方面看，化学废料的问题比核废料问题更加严重。原因很简单，因为这个问题无人问津。我们可以看到无人检验毒性和有害程度的各种分子进入市场，有些数字让人不寒而栗。化学界权威刊物《化学文摘》(*Chemical Abstracts*) 统计，当前使用的化学产品有 2200 万种，"其中只有 30 万种经过了严格的毒性检查"。陶瓷纤维、沥青、乙二醇醚是三种没有经过仔细检验且可能最具备毒性的物质。在法国以及世界其他国家，生态毒理学的研究得到的经费杯水车薪，难以进行有效研究，所以我不抱任何幻想。工业企业绝不会提供给大众可靠的信息。

226   目前的大趋势认为很多疾病由于人类遗传因素导致，分子生物学教授基尔－艾瑞克·斯拉里尼（Gille-Eric Seralini）违逆这个趋势第一个发出警告。他觉得这些所谓的遗传性疾病实际上能够预防，如果措施得当我们能够拯救数百万罹患遗传性疾病儿童的生命。据证实，胎儿吸收各种工业污染物、杀虫剂、毒素、毒气、致癌物质，这些东西会固定在最有用的基因上，所以可以预见到这些患者的哪些器官将患病。[1] 90% 的乳腺癌由于环境因素造成，但是毒理学研究仍然处在初级阶段，没有获得确切数据的研究手段。基尔－艾瑞克·斯拉里尼认为，应该建立一门新的学科——生态基因学，这样才能够在新的科研道路上前进，预防 21 世纪飞速增长的众多疾病。

仿佛要支持基尔－艾瑞克·斯拉里尼的结论一样，2004 年初的几条令人警惕的消息进一步验证了环境问题致病的判断。几位著名科学家为人们怀疑但无法证实的现象给出了科学论断，明确指出了一些慢性疾病与生态因素的因果关系。这些科学家的研究结果令人胆寒，如果在这样的大声疾呼下人类仍然无动于衷的话，那么真的再也没有任何希望了。国家卫生环境指导委员会（la commission d'orientation du plan

---

① 参见［法］玛丽恩·约伯特、弗朗索瓦·维耶莱特：《内分泌干扰素：看不见的生命威胁》，李圣云译，中国文联出版社，2017 年。

national santé environnement）不久前向法国总理提交了一份报告，专家在报告中指出了由于水污染、空气污染、土壤污染、噪声污染、食品污染、化学危险、放射性元素等环境问题导致的大量疾病。在预防与治疗手段取得切实进步的情况下，同样年龄段的人群中二十年间癌症发病率增长了 35%，这一事实不能不引起人们的警惕。过敏性疾病也存在类似的现象：在同一时间段，抗组胺药的销量以每年 5%～10% 的速度增长。专家的评论令人担忧："我们的国家在这些领域中，不知道如何从国际科学界的角度协作努力解决问题"；"这些应对方式降低了我们管理环境风险的能力"；"鉴于环境卫生问题的规模，专业医务人员的数量不足"。报告表示，在有足够理由产生怀疑的情况下，应该采取未雨绸缪的谨慎的原则。报告赞扬了法国卫生部、环境部、工作与科研部"积极投身"环保工作的行为，批评负责运输、工业、农业、城市管理、住房、土地规划、教育的各个部门。面对当前的严重局面，这种盲目指责的做法未免有些不妥。

第二条警示的呼声来自多米尼克·贝尔波姆（Dominique Belpomme），他在《人造疾病》（*Ces maladies créées par l'homme*）一书中写道："我的研究方法非常简单，作为癌症专家，我发现癌症是人类社会制造出的疾病，其中很大一部分原因在于环境污染……很明显，今天的疾病已经不是昨天的自然疾病了，它们大多数都是人造疾病。"统计数据表明，在法国每年有 15 万人死于癌症，其中 3 万人的死因与烟草有关。那么其他人呢？贝尔波姆提出了这样的疑问。为什么大量古代几乎不存在的疾病在最近二十年迅速蔓延？为什么这些疾病在发达国家的发病率远远高于欠发达国家？答案很简单：因为污染增加，因为"80%~90% 的癌症源于环境恶化"。贝尔波姆表示："生态与健康、环境与癌症关系密切。如果想要斩草除根，必须从治理环境着手，解决污染问题。"他的结论毋庸置疑："人类长久以来把自己置于危险境地，我的观察与研究非常清楚，为了让生命更加纯净，人类必须洗涤自身。"不要把所有的希望寄托于医疗技术的进步，医学不能拯救当代人类自我毁灭的趋势——"今天，我们的健康遭受威胁，尤其是孩子的健康面临危险；明天，整个人类的命运都将岌岌可危。"为了强调局面的紧迫性，贝尔波姆提出人类末日到来的可能。当然，未来充满变数，但是对于他来说，"21 世纪将是环保的世纪，否则人类将不复存在"。

这些问题绝非空穴来风，人类盲目发展，终会玩火自焚，引起各种灾难。2002 年 1 月至 9 月全球发生了 500 多起自然灾难，导致 9400 人死亡，其中仅仅 12% 是地震。我不禁思考，其他的灾难或许没有那么"自然"。单单从经济层面的损失来看，欧洲承担了最严重的后果，损失了 330 亿美元，全球的经济损失则达到 550 亿美元，而保险公司只能提供 90 亿美元的补偿。同样的灾难在整个 20 世纪 90 年代造成了 6520 亿美元的损失，在 80 年代造成的损失是 90 年代的三分之一，可见灾害的发生速度正在不断加快。

如果在其中加入每个人愿意仔细计算的环境保护花费，全部费用会更加可观。现在经济学家们应该关注环境问题了，不要仅仅在经济增长与萧条之间纠结，应该"发明"新的经济发展模式。我的直觉告诉我，只要人类遵循道德准则，经济必然繁荣发展。希望科学权威能够确认我的判断。

第十四章
为了蓝色星球的生存

    无论是集体还是个人，我们都在自欺欺人。当人类看待其他生命与事物时，在拒绝忠于自然的同时，总是固执地相信各种问题终将自行解决。人类的孤独反映了人类的盲目。勒内·迪博说过："人类和任何事物都失去了关联。"所有人在没有意识到的情况下共同向错误的方向走去，冰山就在眼前。在我们心存怀疑、无动于衷的时候，人类正逐渐撞向冰山，我们必须立刻改变航向。

    但是，在这场为了整个地球的战争中，没有人能够代表别人，所有人必须共同参与，必须看清楚 21 世纪决定人类命运的关键。逝去的时间非常宝贵，出于理性，我不缺乏耐心，也不悲观失望，只是希望所有人能够像我一样睁开双眼。人类必须重新建立平衡，把当前追求物质与浮华的社会变成脚踏实地的社会。不论是左派政党还是右派政党，不论是无神论者还是虔诚的教徒，不论是年轻人还是老年人，每个人都应该卷起袖子，迎接挑战。仅仅表面上支持环保，接受一些无关痛痒的改革，缝缝补补做一点补救措施，这些行为远远不够，必须理解生态危机的紧迫程度。世界上传播范围最广的一张照片上呈现的是一颗蓝色的地球，这是一幅美丽的图画、一幅令人心平气和的图画，然而时过境迁，这幅图画已经成为人类的一种想象，地球正变得异常灰暗，灰暗得令人胆寒。

无论真相怎样令人不快，都没有必要掩盖事实。

我始终本着尊重事实的精神写作，对于读者和观众来说，尊重事实是我应尽的唯一义务。尊重自然界更高级的秩序，这种强烈的情感与捍卫地球的美丽紧紧相连。我希望这本谈论自然的书能够表达出我的情感。书中对各处自然情况的介绍，是在对人类共同的自然母亲表达深切的敬意。我的个人经历让我明白人类对自然亏欠太多，而且我从来没有把事物的内在价值与表面价格混为一谈。

我所面对的情况与他人所面对的情况始终纷繁复杂。我是否在不自知的前提下加入了自己多次指责的社会上的浮华表演呢？是不是读者和观众把我当成了道德的抚慰呢？我或许最终成为系统中的一部分，被纳入社会的装饰之中，写入了整个社会规划：尼古拉·于洛告诉我们他的恐惧以及得到的结论，很好，等着他发完牢骚吧，然后我们再处理正经事。我是不是有一天会向潮流屈服？在目前的阶段，我心中充满了担忧、焦急、思考。我认为面对问题可能存在三种态度。

第一种态度（有时我也会想自己是不是应该这么做），放弃，告诉自己已经履行了公民责任，肩负了保护环境的责任，已经够了。我做了该做的事情，其他的由别人去做吧。——但是，这种态度从来没有持久过。

第二种态度，完全融入角色，不骄傲自大，不妄自菲薄，对自己的成绩感到满意。毕竟每个人都要扮演自己的角色，妄想改变社会大方向未免有些过于高估自己的实力。——但是，已有的成绩带给我的满足感越来越少。

第三种态度，为环保奋斗，志同道合的朋友要比我们自己预想的多很多，我们对环境抱有同样的看法，向同一方向前进，共享一样的价值观。我经常见到和我持有类似观点的某个人，但是他们往往互相分散，各自为战，没有形成一股合力。在法兰西无言的土地上到处可见清醒的人们，他们不属于任何机构，在当地、在村庄、在街区、在家庭的微环境中为环境保护事业努力奋斗，但是由于缺乏切实有效的替代方案，在重大的选择时刻他们只能保持沉默。我提出的问题虽然简单，但是答案却异常复杂：我们能否走得更远？怎样让事情发展，改变当下情况的走向？怎样选择有效的平台，更加快速地发展环保思想，在当下的大环境下冲出一条路？

我从来没有考虑过创建政党，我觉得自己难以躲避这份职业中的陷阱，无法承担各种责任，忍受种种痛苦。总之，我不可能比现在的绿党做得更好。另一种假设则是，如果我用更加激烈的方式行事会怎样呢？面对社会的自闭症式的暴力行为，用暴力回应的做法是可以理解的，甚至合理合法。尽管很多情况令我怒火中烧，但是我仍然觉得这样的角色不适合自己，而且已经有其他人扮演了这样的角色，成效卓著，比如若泽·博韦（José Bové）①。他要向社会表达担忧、失望的情绪。他的信誉来自他代表发声的人们，来自向我们这个冷漠的社会表达的呐喊与担忧。他与农民同盟、一部分另类全球化运动成员共同代表了正在成型的事物，即一种有益的另类农业形式。法国农民工会全国总会（FNSEA）、农业游说机构所代表的农业形式并不能始终代表集体利益，这种新的农业形式则与之截然不同。他还提供了另一种看待经济与社会之间关系的角度。博韦的行动带来的正面影响远远大于负面效应。他通过捣毁一些转基因作物表达愤怒的声音，这种做法让世人震惊。不过我觉得，与多米尼克·瓦耐（Dominique Voynet）的部长办公室被工会成员破坏的新闻相比，博韦的行动更加振聋发聩。

我从前说过，环保领域在欧洲层面做决定是个很好的选

---

① 若泽·博韦（1953—），法国政治人物、农民、农业工会会员、另类全球化运动的代表人物之一，坚决反对转基因食品。曾在 2007 年参与总统竞选，2009 年当选为欧盟议员。

234 择。那么，我是否希望参加欧盟议会代表与领导的选举呢？我从来没有过这种想法。因为要在欧洲层面合理合法，首先要在本国境内，也就是法国境内合理合法，但是我们在本土的环保工作远远没有结束。如果有关环保的公约能够在议会顺利通过，将标志着实质性的进步。法国被称作人权国家，但如果要成为保护环境的模范国家，我们依然有很长的路要走。

总之，体制僵化的政界保持着原样，不论是我还是其他同胞，没人觉得政界中能够诞生热情与希望。在因循守旧、僵化古板的系统中不会迸发出火花。勒内·迪蒙（René Dumont）曾经选择国家论坛（tribune nationale）这个平台传播自己的想法。今天，民众对他宣传想法的接受度比当时大得多，因为时间已经证明了他的观点。人类的未来依然存在希望，我们现在急需的是领路人。应该找到这些领路人，倾听他们的声音，给他们以回应，团结起来把所有的努力凝结在一起。

在唤醒了人类的道德心之后，应该继续努力，把分散的力量、各种美好的意愿集中起来，改变对世界、生命、未来的看法，催生新希望，把人类的宿命转变成自由的思考。不要相信虚假的安全与幻象，承认每个人都拥有一部分真理和一部分解决方法。我仍然愿意全心全意地相信，面对种种不同的解决方式，不要让任何自由的思想溜走，不要让任何的管理者试图从中牟利。

万物都有自己的位置，我和其他人皆是如此。我还不是一位年长的智者，但我在不断提升自己，我相信幸福往往是很简单的事情，大自然慷慨地提供给人类很多美好的时刻。和别人一样，我往往处在自我斗争的漩涡中心：一方面是我的感性，由于对生命的热爱，我惊叹于世界的各种美景与奇观，这促使我不懈奋斗，对未来充满热爱与希望；另一方面是理性，我冷静地分析事物，客观地记录观察结果，我看到了人类面前的死路。如何打破僵局？即使很多情况下我们感到绝望，但请相信爱的力量，继续必要的斗争。

人类长时间以为自己处在大自然的中心，现在应该重新认识自己，找到自己在世界中的位置。如果人类希望把自己与动物区分开，要求人类至上的权利得到承认，就不要把保护范围仅限于人类，去保护所有的生命吧。全部的生命共同构成了地球上的生态系统，人类不要盲目地统治，而应该为全球的生物保持警惕。

因为我不希望我儿子纳尔逊和他们那一代人若干年后愤愤地说："我们的父辈是一群混蛋，明知会造成什么后果却依然伤害地球。"

致谢

　　非常感谢所有支持我信念的人们，尤其特别感谢尼古拉·于洛人类与自然基金会"为了自然与人类"环境监测委员会的成员、基金会成员，以及布鲁诺·特沙莱克（Bruno Tessarech）[1]。

---

[1] 布鲁诺·特沙莱克（1947— ），法国作家。

参考文献

一、相关主题的书籍

1. 米歇尔·巴尼耶（Michel Barnier）：《重大风险地图集》（*Atlas des risques majeurs*），巴黎：普龙出版社（Plon），1992 年。

2. 米尼克·贝尔波姆（Dominique Belpomme）：《人造疾病：环境恶化如何损害我们的健康》（*Ces maladies créées par l'homme: comment la dégradation de l'environnement met en péril notre santé*），巴黎：阿尔班·米歇尔出版社（Albin Michel），2004 年。

3. 鲍里斯·西瑞尼克（Boris Cyrulnik）：《猿猴记忆与人类语言》（*Mémoires de singe et paroles d'homme*），巴黎：阿谢特文学出版社（Hachette），1998 年。

——帕斯卡尔·皮克（Pascal Picq）、让－皮埃尔·迪加尔（Jean-Pierre Digard）、卡琳娜·卢·马提翁（Karine Lou Matignon）合著，《最美动物故事》（*La Plus Belle Histoire des animaux*），巴黎：瑟耶出版社（Seuil），2000 年。

4. 让·多斯特（Jean Dorst）：《在大自然死亡之前》（*Avant que Nature meure*），洛耐与巴黎：德拉绍与涅斯雷出版社

238　（ Delachaux et Niestlé ），1978 年。

　　—《鸟并非从天而降》（ *Les oiseaux ne sont pas tombés du ciel* ），巴黎：J. -P. 德孟扎出版社（ J-P de Monza ），2001 年。

　　—《不自然的大自然》（ *La Nature dé-naturée* ），巴黎：瑟耶出版社（ Seuil ），1970 年。

　　5. 勒内·迪博（ René Dubos ）:《人类与环境适应》（ *L'Homme et l'adaptation au milieu* ），巴黎：帕约出版社（ Payot ），1973 年。

　　—《生态学之神》（ *Les Dieux de l'écologie* ），巴黎：帕约出版社（ Payot ），1973 年。

　　—芭芭拉·沃德（ Barbara Ward ）合著，《我们只有一个地球》（ *Nous n'avons qu'une Terre* ），巴黎：德诺埃勒出版社（ Denoël ），1971 年。

　　6. 勒内·迪蒙（ René Dumont ）:《黑非洲的厄运》（ *L'Afriquenoire est mal partie* ），巴黎：瑟耶出版社（ Seuil ），1966 年。

　　7. 米哈伊尔·戈尔巴乔夫（ Mikhaïl Gorbachev ）:《我为了地球游行》（ *Mon manifeste pour la Terre* ），戈尔德：勒列出版社（ éditions du Relié ），2002 年。

　　8. 弗朗西斯·阿雷（ Francis Hallé ）:《植物颂歌：为了新生物学》（ *Éloge de la plante: pour une nouvelle biologie* ），巴黎：瑟耶出版社（ Seuil ），1999 年。

——《树冠木筏：森林林冠开发》（*Le Radeau des cimes: exploration des canopées forestières*），巴黎：拉泰出版社（Lattès），2000 年。

9. 泰瑞·麦克卢汉（Teri McLuhan）编：《赤足踏在圣地上》（*Pieds nus sur la Terre sacrée*），巴黎：德诺埃勒出版社（Denoël），2001 年。

10. 泰奥多尔·莫诺（Théodore Monod）：《如果人类的冒险应该失败》（*Etsi l'aventure humaine devait échouer*），巴黎：法国通用书 LGF 出版社（Librairie générale française）[①]，2002 年。

——《绝对研究员》（*Le Chercheur d'absolu*），巴黎：伽利玛出版社（Gallimard），2000 年。

11. 让-玛力·拜尔特（Jean-Marie Pelt）：《自然的秘密语言》（*Les Langages secrets de la nature*），巴黎：法亚尔出版社（Fayard），1996 年。

——《继承下来的地球》（*La Terre en héritage*），巴黎：法亚尔出版社（Fayard），2000 年。

12. 富朗索瓦·普拉萨尔（François Plassard）：《农村生活，环保与社会的关键：另类全球化的建议》（*La*

---

① 法国通用书 LGF 出版社是著名法国企业阿歇特（Hachette）出版集团的子公司，成立于 1954 年，负责"口袋书"系列的出版发行。

240　*Vie rurale, enjeu écologique et de société: propositions altermondialistes*），梅乌格河畔巴尔雷：Y. 米歇尔出版社（Y. Michel），2003 年。

13. 皮埃尔·哈比（Pierre Rabhi）：《地球之语：非洲启蒙》（*Parole de Terre: une initiation africaine*），巴黎：阿尔班·米歇尔出版社（Albin Michel），1996 年。

——《从撒哈拉沙漠到赛文山脉：为地球母亲奔走之人的足迹》（*Du Sahara aux Cévennes: itinéraire d'un hommeau service de la Terre-mère*），巴黎：阿尔班·米歇尔出版社（Albin Michel），2002 年。

14. 于贝尔·雷弗（Hubert Reeves）：《陶醉时刻》（*L'Heure de s'enivrer*），巴黎：瑟耶出版社（Seuil），1992 年。

——弗雷德里克·勒努瓦（Frédéric Lenoir）合著，《地球之痛》（*Mal de Terre*），巴黎：瑟耶出版社（Seuil），2003 年。

15. 阿尔伯特·施魏策尔（Albert Schweitzer）：《原始森林的边缘：法国赤道非洲地区医生的记录与思考》（*À l'orée de la forêt vierge: récits et réflexions d'un médecin en Afrique équatoriale française*），巴黎：阿尔班·米歇尔出版社（Albin Michel），1995 年。

16. 基尔－艾瑞克·斯拉里尼（Gille-Eric Seralini）：《非正确遗传》（*Génétiquement incorrect*），巴黎：弗拉马利翁出版社（Flammarion），2003 年。

17. 米歇尔·赛赫（Michel Serres）：《自然合同》（*Le Contrat naturel*），巴黎：F. 布兰 – 朱力亚尔出版社（F. Bourin-Julliard），1990 年。

18. 弗朗索瓦·维耶莱特（François Veillerette）：《杀虫剂：封闭的陷阱》（*Pesticides : le piège se referme*），芒市（伊泽尔省）：鲜活地球出版社（Terre vivante），2002 年。

19. 爱德华·威尔森（Edward Wilson）：《生命的各种形式》（*La Diversité de la vie*），巴黎：奥迪勒·雅各布出版社（Odile Jacob），1993 年。

二、其他书籍

1. 勒内·沙尔（René Char）：《暴怒与神秘》（*Fureur et Mystères*），巴黎：伽利玛出版社（Gallimard），1986 年。

2. 哈利勒·纪伯伦（Khalil Gibran）：《预言家》（*Le Prophète*），巴黎：阿尔班·米歇尔出版社（Albin Michel），1996 年。

3. 罗曼·加力（Romain Gary）：《天空之根》（*Les Racines du ciel*），巴黎：伽利玛出版社（Gallimard），1972 年。

4. 爱德华·豪尔（Edward Hall）：《隐藏的维度》（*La Dimension cachée*），巴黎：瑟耶出版社（Seuil），1978 年。

5. 维克多·雨果（Victor Hugo）：《看到的事》（*Choses*

242　　*vues*），巴黎：伽利玛出版社（Gallimard），2002 年。

　　6. 安东尼·德·圣埃克苏佩里（Antoine de Saint-Exupéry）：《夜间飞行》（*Vol de nuit*），巴黎：伽利玛出版社（Gallimard），1931 年。

绿色发展通识丛书 · 书目

GENERAL BOOKS OF GREEN DEVELOPMENT